世界遺産シリーズ

世界遺産ガイド

―文化の道編―

【 目　次 】

■ユネスコ世界遺産の概要

1　ユネスコとは　6
2　世界遺産とは　6
3　ユネスコ世界遺産が準拠する国際条約　6
4　世界遺産条約の成立の経緯とその後の展開　7
5　世界遺産条約の理念と目的　8
6　世界遺産条約の主要規定　8
7　世界遺産条約の事務局と役割　8
8　世界遺産条約の締約国(192の国と地域)と世界遺産の数(165の国と地域1052物件)　9-15
9　世界遺産条約締約国総会の開催歴　15
10　世界遺産委員会　15
11　世界遺産委員会委員国　16
12　世界遺産委員会の開催歴　17
13　世界遺産の種類　18
14　ユネスコ世界遺産の登録要件　20
15　ユネスコ世界遺産の登録基準　20
16　ユネスコ世界遺産に登録されるまでの手順　21
17　世界遺産暫定リスト　21
18　危機にさらされている世界遺産(★【危機遺産】　55物件)　22
19　危機にさらされている世界遺産リストへの登録基準　22
20　監視強化メカニズム　23
21　世界遺産リストからの登録抹消　23
22　世界遺産基金　24
23　ユネスコ文化遺産保存日本信託基金　25
24　日本の世界遺産条約の締結とその後の世界遺産登録　26
25　日本のユネスコ世界遺産　28
26　日本の世界遺産暫定リスト記載物件(今後の世界遺産候補地)　29
27　ユネスコ世界遺産の今後の課題　30
28　ユネスコ世界遺産を通じての総合学習　30
29　今後の世界遺産委員会等の開催スケジュール　31
30　世界遺産条約の将来　31

図表で見るユネスコ世界遺産

- 世界遺産分布図　32-33
- グラフで見るユネスコ世界遺産　34-40
- 世界遺産登録のフローチャート　41
- 複数国にまたがる物件の世界遺産登録と「顕著な普遍的価値」の証明について　42-43
- 世界遺産を取り巻く脅威や危険　44
- 確認危険と潜在危険　45
- 危機にさらされている世界遺産　46
- 危機にさらされている世界遺産分布図　48-49
- 危機遺産の登録、解除、抹消の推移表　50-51

■文化の道　概要　54-57

■信仰の道

- ●サンティアゴ・デ・コンポステーラへの巡礼道：フランス人の道とスペイン北部の巡礼路群（スペイン）　60
- ●サンティアゴ・デ・コンポステーラへの巡礼道（フランス側）（フランス）　62
- ●紀伊山地の霊場と参詣道（日本）　64
- ●富士山-信仰の対象と芸術の源泉（日本）　66

■交易の道

- ●フランキンセンスの地（オマーン）　70
- ●ウマワカの渓谷（アルゼンチン）　72
- ●香料の道-ネゲヴの砂漠都市群（イスラエル）　74

○ 自然遺産　● 文化遺産

目次

世界遺産ガイド—文化の道編—

- ●石見銀山遺跡とその文化的景観（日本） 76
- ●カミノ・レアル・デ・ティエラ・アデントロ（メキシコ） 78
- ●水銀の遺産、アルマデン鉱山とイドリャ鉱山（スペイン／スロヴェニア） 80
- ●シルクロード:長安・天山回廊の道路網（中国／カザフスタン／キルギス） 82
- ●カパック・ニャン、アンデス山脈の道路網
  （ペルー／ボリヴィア／エクアドル／チリ／アルゼンチン／コロンビア） 84

■運河、水路

- ●ポン・デュ・ガール（ローマ水道）（フランス） 88
- ●ミディ運河（フランス） 90
- ●ルヴィエールとルルー（エノー州）にあるサントル運河の4つの閘門と周辺環境（ベルギー） 92
- ●リドー運河（カナダ） 94
- ●ポントカサステ水路橋と運河（英国） 96
- ●アムステルダムのシンゲル運河の内側にある17世紀の環状運河地域（オランダ） 98
- ●大運河（中国） 100
  - コラム　世界遺産と持続可能な観光の発展—日本の世界遺産地の事例など 102
- ●テンブレケ神父の水道橋の水利システム（メキシコ） 106

■鉄道

- ●センメリング鉄道（オーストリア） 110
- ●インドの山岳鉄道群（インド） 112
- ●レーティッシュ鉄道アルブラ線とベルニナ線の景観群（スイス／イタリア） 114

■今後のポテンシャル・サイト

- ●シルクロード：ペンジケント－サマルカンド－ポイケント回廊
  （タジキスタン／ウズベキスタン） 118
- ●バイキングの道（アイスランド／デンマーク／ドイツ／ラトヴィア／ノルウェー） 120
- ●朝鮮通信使（韓国／日本） 122
- ●四国八十八箇所遍路道（日本） 124

※2020年の第44回世界遺産委員会から適用される新登録に関わる登録推薦件数1国1件と審査件数の上限数35　4
※世界遺産、世界無形文化遺産、世界の記憶の違い　52
※文化の道　キーワード　116

＜資料・写真　提供＞
ユネスコ世界遺産センター、イタリア政府観光局、スイス政府観光局、スペイン政府観光局、オーストリア政府観光局、オランダ政府観光局、イスラエル政府観光省、Crown copyright: Royal Commission on the Ancient and Historical Monuments of Wales, Tingvellir National Park／Sigurour K.Oddsson／Rahn Hafnfjord, Ontario Tourism Marketing Partnership, Government of the State of Mexico (Estado de Mexico)、メキシコ観光局、Qhapaq Ñan／Megan Son、中国国家観光局（大阪）、静岡県小山町経済建設部商工観光課、島根県教育委員会文化財課、㈳島根県観光連盟、三重県農水商工部観光・交流室、Mountain Adventure Travel Tajikistan(MATT)、対馬観光物産協会、世界遺産総合研究所／古田陽久、古田真美

【表紙写真】

（表）
❶	❷
❸	❹
❺	❻

（裏）
| ❼ |

❶サンティアゴ・デ・コンポステーラへの巡礼道：
　フランス人の道とスペイン北部の巡礼路群（スペイン）
　写真は、サンティアゴ・デ・コンポステーラを見渡すことのできるゴゾの丘
❷紀伊山地の霊場と参詣道（日本）
　写真は、熊野古道伊勢路の馬越峠
❸レーティッシュ鉄道　アルブラ線とベルニナ線の景観群
　（イタリア／スイス）写真は、ベルニナ線ブルージオのループ橋
❹リドー運河（カナダ）
❺シルクロード：長安・天山回廊の道路網
　（キルギス／中国／カザフスタン）写真は、中国のトルファン高昌故城
❻カパック・ニャン、アンデス山脈の道路網
　（ペルー／ボリヴィア／エクアドル／チリ／アルゼンチン／コロンビア）
❼ポン・デュ・ガール（ローマ水道）（フランス）

シンクタンクせとうち総合研究機構

※2020年の第44回世界遺産委員会から適用される
新登録に関わる登録推薦件数1国1件と審査件数の上限数35

　世界遺産条約履行の為の作業指針（通称：オペレーショナル・ガイドラインズ）では、新登録に関わる登録推薦件数は、2006年の第30回世界遺産委員会ヴィリニュス会議での決議に基づき、実験的措置及び移行措置として、各締約国からの登録推薦件数の上限は、2件まで（但し、2件を提出する場合、うち1件は自然遺産とする）、全体の審査対象件数の上限は45件とするメカニズムが適用されてきた。

　その後、2007年の第31回世界遺産委員会クライストチャーチ会議では、各締約国からの登録推薦件数は、2件（但し、2件を提出する場合、うち1件は自然遺産でなくても良い）ということになった。

　2011年の第35回世界遺産委員会パリ会議では、これまでの実験的措置及び移行措置の結果を踏まえて、オペレーショナル・ガイドラインズを改定、各締約国からの登録推薦件数は、2件まで（但し、2件を提出する場合、うち1件は自然遺産、或は、文化的景観とする）の審査とするメカニズムに変更になり、2015年の第39回世界遺産委員会で、この決議の効果を再吟味することになった。

　第40回世界遺産委員会パリ臨時会議で、毎年1度の審査で扱う新規登録案件の上限を現在の45件から35件に削減することを決めた。

　各締約国からの登録推薦件数は1国1件、各国からの推薦数が35件の上限を超えた場合は、
　　①遺産の数が少ない国の案件や複数の国にまたがるものを優先する。
　　②文化遺産より登録数が少ない自然、複合遺産の審査を先行させる。

　この決定は、2020年の第44回世界遺産委員会の審査対象物件の審査（2019年2月1日までの登録申請分）から適用される。

　審査件数の削減は、実務を担うユネスコの事務局の人手不足や財政難などが理由。ユネスコは、当初、2018年の第42回世界遺産委員会の審査対象物件から25件に減らす案を示していたが、登録待ちの候補が多いアジア、アフリカ諸国を中心に反対論が根強く、合意を得られなかった。

ユネスコ世界遺産の概要

The Grand Canal（大運河）
文化遺産　登録基準(i)(iii)(iv)(vi)　2014年登録
中国

写真：杭州にある拱宸橋　写真提供：中国国家観光局

1 ユネスコとは

　ユネスコ（UNESCO＝United Nations Educational, Scientific and Cultural Organization）は、国連の教育、科学、文化分野の専門機関。人類の知的、倫理的連帯感の上に築かれた恒久平和を実現するために1945年に創設され、2015年に70周年を迎えた。その活動領域は、教育、自然科学、人文・社会科学、文化、それに、コミュニケーション・情報。ユネスコ加盟国は、現在195か国、準加盟地域10。ユネスコ本部はフランスのパリにあり、世界各地に55か所の地域事務所がある。2016-2017年度通常予算（2年分）667百万米ドル。その内、わが国の2015年度の分担金は約33億2千万円で、分担率約9.679％。事務局長は、イリーナ・ボコヴァ氏＊（前ブルガリア駐仏大使・ユネスコ代表部大使、元ブルガリア外相）。

＊1952年生まれ、ブルガリアのソフィア出身。モスクワ国際関係大学、メリーランド大学、ハーバード大学に学ぶ。1977年から外交官として活躍。ブルガリアの議会議員、欧州統合担当長官、ブルガリア共和国が外務大臣としてのキャリアを経て、駐仏及び駐モナコ大使兼ユネスコ代表部大使を務める。2009年11月、東ヨーロッパ出身、また女性として初めて、ユネスコ事務局長に就任。

　　＜ユネスコの歴代事務局長＞

	出身国	在任期間
●ジュリアン・ハクスリー	イギリス	1946年12月～1948年12月
●ハイメ・トレス・ボデー	メキシコ	1948年12月～1952年12月
●ジョン・W・テイラー	アメリカ	1952年12月～1953年 7月
●ルーサー・H・エバンス	アメリカ	1953年 7月～1958年12月
●ヴィットリーノ・ヴェロネーゼ	イタリア	1958年12月～1961年11月
●ルネ・マウ	フランス	1961年11月～1974年11月
●アマドゥ・マハタール・ムボウ	セネガル	1974年11月～1987年11月
●フェデリコ・マヨール	スペイン	1987年11月～1999年11月
●松浦晃一郎	日本	1999年11月～2009年11月
●イリーナ・ボコヴァ	ブルガリア	2009年11月～現在（任期は2017年11月）

2 世界遺産とは

　世界遺産（World Heritage）とは、世界遺産条約に基づきユネスコの世界遺産リストに登録されている世界的に「顕著な普遍的価値」（Outstanding Universal Value）を有する遺跡、建造物群、モニュメントなどの文化遺産、それに、自然景観、地形・地質、生態系、生物多様性などの自然遺産など国家や民族を超えて未来世代に引き継いでいくべき人類共通のかけがえのない自然と文化の遺産をいう。

3 ユネスコ世界遺産が準拠する国際条約

世界の文化遺産及び自然遺産の保護に関する条約（通称：**世界遺産条約**）
　(Convention for the Protection of the World Cultural and Natural Heritage)
　　＜1972年11月開催の第17回ユネスコ総会で採択＞

＊ユネスコの世界遺産に関する基本的な考え方は、世界遺産条約にすべて反映されているが、この世界遺産条約を円滑に履行していくためのガイドライン（Operational Guidelines for the Implementation of the World Heritage Convention）を設け、その中で世界遺産リストの登録基準、或は、危機にさらされている世界遺産リストの登録基準や世界遺産基金の運用などについて細かく定めている。

4 世界遺産条約の成立の経緯とその後の展開

1872年	アメリカ合衆国が、世界で最初の国立公園法を制定。イエローストーンが世界最初の国立公園になる。
1948年	IUCN（国際自然保護連合）が発足。
1954年	ハーグで「軍事紛争における文化財の保護のための条約」を採択。
1959年	アスワン・ハイ・ダムの建設（1970年完成）でナセル湖に水没する危機にさらされたエジプトのヌビア遺跡群の救済を目的としたユネスコの国際的キャンペーン。文化遺産保護に関する条約の草案づくりを開始。
〃	ICCROM（文化財保存修復研究国際センター）が発足。
1962年	IUCN第1回世界公園会議、アメリカのシアトルで開催、「国連保護地域リスト」(United Nations List of Protected Areas) の整備。
1960年代半ば	アメリカ合衆国や国連環境会議などを中心にした自然遺産保護に関する条約の模索と検討。
1964年	ヴェネツィア憲章採択。
1965年	ICOMOS（国際記念物遺跡会議）が発足。
1965年	米国ホワイトハウス国際協力市民会議「世界遺産トラスト」(World Heritage Trust)の提案。
1966年	スイス・ルッツェルンでの第9回IUCN・国際自然保護連合の総会において、世界的な価値のある自然地域の保護のための基金の創設について議論。
1967年	アムステルダムで開催された国際会議で、アメリカ合衆国が自然遺産と文化遺産を総合的に保全するための「世界遺産トラスト」を設立することを提唱。
1970年	「文化財の不正な輸入、輸出、および所有権の移転を禁止、防止する手段に関する条約」を採択。
1971年	ニクソン大統領、1972年のイエローストーン国立公園100周年を記念し、「世界遺産トラスト」を提案（ニクソン政権に関するメッセージ）、この後、IUCN（国際自然保護連合）とユネスコが世界遺産の概念を具体化するべく世界遺産条約の草案を作成。
〃	ユネスコとICOMOS（国際記念物遺跡会議）による「普遍的価値を持つ記念物、建造物群、遺跡の保護に関する条約案」提示。
1972年	ユネスコはアメリカの提案を受けて、自然・文化の両遺産を統合するための専門家会議を開催、これを受けて両草案はひとつにまとめられた。
〃	ストックホルムで開催された国連人間環境会議で条約の草案報告。
〃	パリで開催された第17回ユネスコ総会において採択。
1975年	世界の文化遺産及び自然遺産の保護に関する条約発効。
1977年	第1回世界遺産委員会がパリにて開催される。
1978年	第2回世界遺産委員会がワシントンにて開催される。イエローストーン、メサ・ヴェルデ、ナハニ国立公園、ランゾーメドーズ国立歴史公園、ガラパゴス諸島、キト、アーヘン大聖堂、ヴィエリチカ塩坑、クラクフの歴史地区、シミエン国立公園、ラリベラの岩の教会、ゴレ島の12物件が初の世界遺産として登録される。（自然遺産4　文化遺産8）
1989年	日本政府、日本信託基金をユネスコに設置。
1992年	ユネスコ事務局長、ユネスコ世界遺産センターを設立。
1996年	IUCN第1回世界自然保護会議、カナダのモントリオールで開催。
2000年	ケアンズ・デシジョンを採択。
2002年	国連文化遺産年。
〃	ブダペスト宣言採択。
〃	世界遺産条約採択30周年。
2004年	蘇州デシジョンを採択。
2006年	無形遺産の保護に関する条約が発効。
〃	ユネスコ創設60周年。
2007年	文化的表現の多様性の保護および促進に関する条約が発効。

ユネスコ世界遺産の概要

2009年	水中文化遺産保護に関する条約が発効。
2011年	第18回世界遺産条約締約国総会で「世界遺産条約履行の為の戦略的行動計画2012〜2022」を決議。
2012年	世界遺産条約採択40周年記念行事 メイン・テーマ「世界遺産と持続可能な発展：地域社会の役割」
2015年	平和の大切さを再認識する為の「世界遺産に関するボン宣言」を採択。
2016年	世界遺産条約締約国数　192か国（8月現在）
2016年10月24〜26日	第40回世界遺産委員会イスタンブール会議は、不測の事態で3日間中断、未審議となっていた登録範囲の拡大など境界変更の申請、オペレーショナル・ガイドラインズの改訂など懸案事項の審議を、パリのユネスコ本部で再開。 第40回世界遺産委員会パリ臨時会議で、2020年の第44回世界遺産委員会から適用される新登録に関わる登録推薦件数1国1件と、審査件数の上限数35を決定。

5 世界遺産条約の理念と目的

「顕著な普遍的価値」（Outstanding Universal Value）を有する自然遺産および文化遺産を人類全体のための世界遺産として、破壊、損傷等の脅威から保護・保存することが重要であるとの観点から、国際的な協力および援助の体制を確立することを目的としている。

6 世界遺産条約の主要規定

- 保護の対象は、遺跡、建造物群、記念工作物、自然の地域等で普遍的価値を有するもの（第1〜3条）。
- 締約国は、自国内に存在する遺産を保護する義務を認識し、最善を尽くす（第4条）。
  また、自国内に存在する遺産については、保護に協力することが国際社会全体の義務であることを認識する（第6条）。
- 「世界遺産委員会」（委員国は締約国から選出）の設置（第8条）。「世界遺産委員会」は、各締約国が推薦する候補物件を審査し、その結果に基づいて「世界遺産リスト」、また、大規模災害、武力紛争、各種開発事業、それに、自然環境の悪化などの事由で、極度な危機にさらされ緊急の救済措置が必要とされる物件は「危機にさらされている世界遺産リスト」を作成する。（第11条）。
- 締約国からの要請に基づき、「世界遺産リスト」に登録された物件の保護のための国際的援助の供与を決定する。同委員会の決定は、出席しかつ投票する委員国の2／3以上の多数による議決で行う（第13条）。
- 締約国の分担金（ユネスコ分担金の1％を超えない額）、および任意拠出金、その他の寄付金等を財源とする、「世界遺産」のための「世界遺産基金」を設立（第15条、第16条）。
- 「世界遺産委員会」が供与する国際的援助は、調査・研究、専門家派遣、研修、機材供与、資金協力等の形をとる（第22条）。
- 締約国は、自国民が「世界遺産」を評価し尊重することを強化するための教育・広報活動に努める（第27条）。

7 世界遺産条約の事務局と役割

ユネスコ世界遺産センター（UNESCO World Heritage Centre）
　　所長：メヒティルト・ロスラー氏（Dr. Mechtild Rössler　2015年9月〜
　　　　（専門分野　文化・自然遺産、計画史、文化地理学、地球科学など
　　　　　1991年からユネスコに奉職、1992年からユネスコ世界遺産センター、
　　　　　2003年から副所長を経て現職、文化局・文化遺産部長兼務　ドイツ出身）
7 place de Fontenoy　75352 Paris 07 SP　France　☎33-1-45681889　Fax 33-1-45685570
電子メール：wh-info@unesco.org　　インターネット：http://www.unesco.org/whc

ユネスコ世界遺産センターは1992年にユネスコ事務局長によって設立され、ユネスコの組織では、現在、文化セクターに属している。スタッフ数、組織、主な役割と仕事は、次の通り。

<スタッフ数> 約60名

<組織>
自然遺産課、政策、法制整備課、促進・広報・教育課、アフリカ課、アラブ諸国課、アジア・太平洋課、ヨーロッパ課、ラテンアメリカ・カリブ課、世界遺産センター事務部

<主な役割と仕事>
● 世界遺産ビューロー会議と世界遺産委員会の運営
● 締結国に世界遺産を推薦する準備のためのアドバイス
● 技術的な支援の管理
● 危機にさらされた世界遺産への緊急支援
● 世界遺産基金の運営
● 技術セミナーやワークショップの開催
● 世界遺産リストやデータベースの作成
● 世界遺産の理念を広報するための教育教材の開発。

<ユネスコ世界遺産センターの歴代所長>

	出身国	在任期間
● バーン・フォン・ドロステ（Bernd von Droste）	ドイツ	1992年～1999年
● ムニール・ブシュナキ（Mounir Bouchenaki）	アルジェリア	1999年～2000年
● フランチェスコ・バンダリン（Francesco Bandarin）	イタリア	2000年9月～2010年
● キショール・ラオ（Kishore Rao）	インド	2011年3月～2015年8月
● メヒティルト・ロスラー（Mechtild Rossler）	ドイツ	2015年9月～

8 世界遺産条約の締約国（192の国と地域）と世界遺産の数（165の国と地域 1052物件）

2016年12月現在、165の国と地域1052物件（**自然遺産** 203物件、**文化遺産** 814物件、**複合遺産** 35物件）が、このリストに記載されている。また、大規模災害、武力紛争、各種開発事業、それに、自然環境の悪化などの事由で、極度な危機にさらされ緊急の救済措置が必要とされる物件は「危機にさらされている世界遺産リスト」（略称 危機遺産リスト 本書では、★【危機遺産】と表示）に登録され、2016年12月現在、55物件（34の国と地域）が登録されている。

<地域別・世界遺産条約締約日順> ※地域分類は、ユネスコ世界遺産センターの分類に準拠。

<アフリカ>締約国（46か国） ※国名の前の番号は、世界遺産条約の締約順。

国 名	世界遺産条約締約日	自然遺産	文化遺産	複合遺産	合計	【うち危機遺産】
8 コンゴ民主共和国	1974年 9月23日 批准（R）	5	0	0	5	(5)
9 ナイジェリア	1974年10月23日 批准（R）	0	2	0	2	(0)
10 ニジェール	1974年12月23日 受諾（Ac）	2	1	0	3	(1)
16 ガーナ	1975年 7月 4日 批准（R）	0	2	0	2	(0)
21 セネガル	1976年 2月13日 批准（R）	2	5 *18	0	7	(1)
27 マリ	1977年 4月 5日 受諾（Ac）	0	3	1	4	(3)
30 エチオピア	1977年 7月 6日 批准（R）	1	8	0	9	(1)
31 タンザニア	1977年 8月 2日 批准（R）	3	3	1	7	(1)
44 ギニア	1979年 3月18日 批准（R）	1 *2	0	0	1	(1)
51 セイシェル	1980年 4月 9日 受諾（Ac）	2	0	0	2	(0)

世界遺産ガイド―文化の道編―

ユネスコ世界遺産の概要

	国名	世界遺産条約締約日			自然遺産	文化遺産	複合遺産	合計	【うち危機遺産】
55	中央アフリカ	1980年12月22日	批准	(R)	2*[26]	0	0	2	(1)
56	コートジボワール	1981年 1月 9日	批准	(R)	3*[2]	1	0	4	(2)
61	マラウイ	1982年 1月 5日	批准	(R)	1	1	0	2	(0)
64	ブルンディ	1982年 5月19日	批准	(R)	0	0	0	0	(0)
65	ベナン	1982年 6月14日	批准	(R)	0	1	0	1	(0)
66	ジンバブエ	1982年 8月16日	批准	(R)	2*[1]	3	0	5	(0)
68	モザンビーク	1982年11月27日	批准	(R)	0	1	0	1	(0)
69	カメルーン	1982年12月 7日	批准	(R)	2*[26]	0	0	2	(0)
74	マダガスカル	1983年 7月19日	批准	(R)	2	1	0	3	(1)
80	ザンビア	1984年 6月 4日	批准	(R)	1*[1]	0	0	1	(0)
90	ガボン	1986年12月30日	批准	(R)	0	0	1	1	(0)
93	ブルキナファソ	1987年 4月 2日	批准	(R)	0	1	0	1	(0)
94	ガンビア	1987年 7月 1日	批准	(R)	0	2*[18]	0	2	(0)
97	ウガンダ	1987年11月20日	受諾	(Ac)	2	1	0	3	(1)
98	コンゴ	1987年12月10日	批准	(R)	1*[26]	0	0	1	(0)
100	カーボヴェルデ	1988年 4月28日	受諾	(Ac)	0	1	0	1	(0)
115	ケニア	1991年 6月 5日	受諾	(Ac)	3	3	0	6	(0)
120	アンゴラ	1991年11月 7日	批准	(R)	0	0	0	0	(0)
143	モーリシャス	1995年 9月19日	批准	(R)	0	2	0	2	(0)
149	南アフリカ	1997年 7月10日	批准	(R)	3	4	1*[28]	8	(0)
152	トーゴ	1998年 4月15日	受諾	(Ac)	0	1	0	1	(0)
155	ボツワナ	1998年11月23日	受諾	(Ac)	1	1	0	2	(0)
156	チャド	1999年 6月23日	批准	(R)	1	0	1	2	(0)
158	ナミビア	2000年 4月 6日	受諾	(Ac)	1	1	0	2	(0)
160	コモロ	2000年 9月27日	批准	(R)	0	0	0	0	(0)
161	ルワンダ	2000年12月28日	受諾	(Ac)	0	0	0	0	(0)
167	エリトリア	2001年10月24日	受諾	(Ac)	0	1	0	1	(0)
168	リベリア	2002年 3月28日	受諾	(Ac)	0	0	0	0	(0)
177	レソト	2003年11月25日	受諾	(Ac)	0	0	1*[28]	1	(0)
179	シエラレオネ	2005年 1月 7日	批准	(R)	0	0	0	0	(0)
181	スワジランド	2005年11月30日	批准	(R)	0	0	0	0	(0)
182	ギニア・ビサウ	2006年 1月28日	批准	(R)	0	0	0	0	(0)
184	サントメ・プリンシペ	2006年 7月25日	受諾	(Ac)	0	0	0	0	(0)
185	ジブチ	2007年 8月30日	批准	(R)	0	0	0	0	(0)
187	赤道ギニア	2010年 3月10日	批准	(R)	0	0	0	0	(0)
192	南スーダン	2016年 3月 9日	批准	(R)	0	0	0	0	(0)
	合計				37 (3)	48 (1)	5 (1)	90 (5)	(17) (1)

<アラブ諸国>締約国（19の国と地域）　※国名の前の番号は、世界遺産条約の締約順。

	国名	世界遺産条約締約日			自然遺産	文化遺産	複合遺産	合計	【うち危機遺産】
2	エジプト	1974年 2月 7日	批准	(R)	1	6	0	7	(1)
3	イラク	1974年 3月 5日	受諾	(Ac)	0	4	1	5	(3)
5	スーダン	1974年 6月 6日	批准	(R)	1	2	0	3	(0)
6	アルジェリア	1974年 6月24日	批准	(R)	0	6	1	7	(0)
12	チュニジア	1975年 3月10日	批准	(R)	1	7	0	8	(0)
13	ヨルダン	1975年 5月 5日	批准	(R)	0	5	1	6	(1)
17	シリア	1975年 8月13日	受諾	(Ac)	0	6	0	6	(6)
20	モロッコ	1975年10月28日	批准	(R)	0	9	0	9	(0)

世界遺産ガイド―文化の道編―

	国名	世界遺産条約締約日	自然遺産	文化遺産	複合遺産	合計	【うち危機遺産】
38	サウジアラビア	1978年 8月 7日 受諾 (Ac)	0	4	0	4	(0)
40	リビア	1978年10月13日 批准 (R)	0	5	0	5	(5)
54	イエメン	1980年10月 7日 批准 (R)	1	3	0	4	(3)
57	モーリタニア	1981年 3月 2日 批准 (R)	1	1	0	2	(0)
60	オマーン	1981年10月 6日 受諾 (Ac)	0	4	0	4	(0)
70	レバノン	1983年 2月 3日 批准 (R)	0	5	0	5	(0)
81	カタール	1984年 9月12日 受諾 (Ac)	0	1	0	1	(0)
114	バーレーン	1991年 5月28日 批准 (R)	0	2	0	2	(0)
163	アラブ首長国連邦	2001年 5月11日 加入 (A)	0	1	0	1	(0)
171	クウェート	2002年 6月 6日 批准 (R)	0	0	0	0	(0)
189	パレスチナ	2011年12月 8日 批准 (R)	0	2	0	2	(2)
	合計		5	73	3	81	(21)

<アジア・太平洋>締約国（43か国） ※国名の前の番号は、世界遺産条約の締約順。

	国名	世界遺産条約締約日	自然遺産	文化遺産	複合遺産	合計	【うち危機遺産】
7	オーストラリア	1974年 8月22日 批准 (R)	12	3	4	19	(0)
11	イラン	1975年 2月26日 受諾 (Ac)	1	20	0	21	(0)
24	パキスタン	1976年 7月23日 批准 (R)	0	6	0	6	(0)
34	インド	1977年11月14日 批准 (R)	8	26*㉝	1	35	(0)
36	ネパール	1978年 6月20日 受諾 (Ac)	2	2	0	4	(0)
45	アフガニスタン	1979年 3月20日 批准 (R)	0	2	0	2	(2)
52	スリランカ	1980年 6月 6日 受諾 (Ac)	2	6	0	8	(0)
75	バングラデシュ	1983年 8月 3日 受諾 (Ac)	1	2	0	3	(0)
82	ニュージーランド	1984年11月22日 批准 (R)	2	0	1	3	(0)
86	フィリピン	1985年 9月19日 批准 (R)	3	3	0	6	(0)
87	中国	1985年12月12日 批准 (R)	11	35*㉚	4	50	(0)
88	モルジブ	1986年 5月22日 受諾 (Ac)	0	0	0	0	(0)
92	ラオス	1987年 3月20日 批准 (R)	0	2	0	2	(0)
95	タイ	1987年 9月17日 受諾 (Ac)	2	3	0	5	(0)
96	ヴェトナム	1987年10月19日 受諾 (Ac)	2	5	1	8	(0)
101	韓国	1988年 9月14日 受諾 (Ac)	1	11	0	12	(0)
105	マレーシア	1988年12月 7日 批准 (R)	2	2	0	4	(0)
107	インドネシア	1989年 7月 6日 受諾 (Ac)	4	4	0	8	(1)
109	モンゴル	1990年 2月 2日 受諾 (Ac)	1*⑬	3	0	4	(0)
113	フィジー	1990年11月21日 批准 (R)	0	1	0	1	(0)
121	カンボジア	1991年11月28日 受諾 (Ac)	0	2	0	2	(0)
123	ソロモン諸島	1992年 6月10日 加入 (A)	1	0	0	1	(1)
124	日本	1992年 6月30日 受諾 (Ac)	4	16*㉝	0	20	(0)
127	タジキスタン	1992年 8月28日 承継の通告 (S)	1	1	0	2	(0)
131	ウズベキスタン	1993年 1月13日 承継の通告 (S)	1*㉜	4	0	5	(1)
137	ミャンマー	1994年 4月29日 受諾 (Ac)	0	1	0	1	(0)
138	カザフスタン	1994年 4月29日 受諾 (Ac)	2*㉜	3*㉚	0	5	(0)
139	トルクメニスタン	1994年 9月30日 承継の通告 (S)	0	3	0	3	(0)
142	キルギス	1995年 7月 3日 受諾 (Ac)	1*㉜	2*㉚	0	3	(0)
150	パプア・ニューギニア	1997年 7月28日 受諾 (Ac)	0	1	0	1	(0)
153	朝鮮民主主義人民共和国	1998年 7月21日 受諾 (Ac)	0	2	0	2	(0)
159	キリバス	2000年 5月12日 受諾 (Ac)	1	0	0	1	(0)
162	ニウエ	2001年 1月23日 受諾 (Ac)	0	0	0	0	(0)
164	サモア	2001年 8月28日 受諾 (Ac)	0	0	0	0	(0)
166	ブータン	2001年10月22日 批准 (R)	0	0	0	0	(0)

シンクタンクせとうち総合研究機構

番号	国名	世界遺産条約締約日		自然遺産	文化遺産	複合遺産	合計	【うち危機遺産】
170	マーシャル諸島	2002年 4月24日	受諾 (Ac)	0	1	0	1	(0)
172	パラオ	2002年 6月11日	受諾 (Ac)	0	0	1	1	(0)
173	ヴァヌアツ	2002年 6月13日	批准 (R)	0	1	0	1	(0)
174	ミクロネシア連邦	2002年 7月22日	批准 (R)	0	1	0	1	(1)
178	トンガ	2004年 4月30日	受諾 (Ac)	0	0	0	0	(0)
186	クック諸島	2009年 1月16日	批准 (R)	0	0	0	0	(0)
188	ブルネイ	2011年 8月12日	批准 (R)	0	0	0	0	(0)
190	シンガポール	2012年 6月19日	批准 (R)	0	1	0	1	(0)
	合計			62 (2)	173 (2)	12	247 (4)	(6)

<ヨーロッパ・北米>締約国（51か国） ※国名の前の番号は、世界遺産条約の締約順。

番号	国名	世界遺産条約締約日		自然遺産	文化遺産	複合遺産	合計	【うち危機遺産】
1	アメリカ合衆国	1973年 7月12日	批准 (R)	12*[6][7]	10	1	23	(1)
4	ブルガリア	1974年 3月 7日	受諾 (Ac)	2	7	0	9	(0)
15	フランス	1975年 6月27日	受諾 (Ac)	3	38*[15][25][33]	1*[10]	42	(0)
18	キプロス	1975年 8月14日	受諾 (Ac)	0	3	0	3	(0)
19	スイス	1975年 9月17日	批准 (R)	3*[23]	9*[21][25][33]	0	12	(0)
22	ポーランド	1976年 6月29日	批准 (R)	1*[3]	13*[14][29]	0	14	(0)
23	カナダ	1976年 7月23日	受諾 (Ac)	10*[6][7]	8	0	18	(0)
25	ドイツ	1976年 8月23日	批准 (R)	3*[20][22]	38*[14][16][25][33]	0	41	(0)
28	ノルウェー	1977年 5月12日	批准 (R)	1	7*[17]	0	8	(0)
37	イタリア	1978年 6月23日	批准 (R)	4*[23]	47*[5][21][25]	0	51	(0)
41	モナコ	1978年11月 7日	批准 (R)	0	0	0	0	(0)
42	マルタ	1978年11月14日	受諾 (Ac)	0	3	0	3	(0)
47	デンマーク	1979年 7月25日	批准 (R)	3*[22]	5	0	8	(0)
53	ポルトガル	1980年 9月30日	批准 (R)	1	14*[15]	0	15	(0)
59	ギリシャ	1981年 7月17日	批准 (R)	0	16	2	18	(0)
63	スペイン	1982年 5月 4日	受諾 (Ac)	3	40*[24][27]	2*[10]	45	(0)
67	ヴァチカン	1982年10月 7日	加入 (A)	0	2*[5]	0	2	(0)
71	トルコ	1983年 3月16日	批准 (R)	0	14	2	16	(0)
76	ルクセンブルク	1983年 9月28日	批准 (R)	0	1	0	1	(0)
79	英国	1984年 5月29日	批准 (R)	4	25*[16]	1	30	(1)
83	スウェーデン	1985年 1月22日	批准 (R)	1*[19]	13*[17]	1	15	(0)
85	ハンガリー	1985年 7月15日	受諾 (Ac)	1*[4]	7*[12]	0	8	(0)
91	フィンランド	1987年 3月 4日	批准 (R)	1*[19]	6*[17]	0	7	(0)
102	ベラルーシ	1988年10月12日	批准 (R)	1*[3]	3*[17]	0	4	(0)
103	ロシア連邦	1988年10月12日	批准 (R)	10*[13]	16*[11][17]	0	26	(0)
104	ウクライナ	1988年10月12日	批准 (R)	1*[20]	5*[17]	0	6	(0)
108	アルバニア	1989年 7月10日	批准 (R)	0	2	0	2	(0)
110	ルーマニア	1990年 5月16日	受諾 (Ac)	1	6	0	7	(0)
116	アイルランド	1991年 9月16日	批准 (R)	0	2	0	2	(0)
119	サン・マリノ	1991年10月18日	批准 (R)	0	1	0	1	(0)
122	リトアニア	1992年 3月31日	受諾 (Ac)	0	4*[17]	0	4	(0)
125	クロアチア	1992年 7月 6日	承継の通告 (S)	1	7*[34]	0	8	(0)
126	オランダ	1992年 8月26日	受諾 (Ac)	1*[22]	9	0	10	(0)
128	ジョージア	1992年11月 4日	承継の通告 (S)	0	3	0	3	(1)
129	スロヴェニア	1992年11月 5日	承継の通告 (S)	1	2*[25][27]	0	3	(0)
130	オーストリア	1992年12月18日	批准 (R)	0	9*[12][25]	0	9	(0)

番号	国名	世界遺産条約締約日			自然遺産	文化遺産	複合遺産	合計	【うち危機遺産】
132	チェコ	1993年 3月26日	承継の通告	(S)	0	12	0	12	(0)
133	スロヴァキア	1993年 3月31日	承継の通告	(S)	2*[4][20]	5	0	7	(0)
134	ボスニア・ヘルツェゴヴィナ	1993年 7月12日	承継の通告	(S)	0	3*[34]	0	3	(0)
135	アルメニア	1993年 9月 5日	承継の通告	(S)	0	3	0	3	(0)
136	アゼルバイジャン	1993年12月16日	批准	(R)	0	2	0	2	(0)
140	ラトヴィア	1995年 1月10日	受諾	(Ac)	0	2*[17]	0	2	(0)
144	エストニア	1995年10月27日	批准	(R)	0	2*[17]	0	2	(0)
145	アイスランド	1995年12月19日	批准	(R)	1	1	0	2	(0)
146	ベルギー	1996年 7月24日	批准	(R)	0	12*[15][33]	0	12	(0)
147	アンドラ	1997年 1月 3日	受諾	(Ac)	0	1	0	1	(0)
148	マケドニア・旧ユーゴスラビア	1997年 4月30日	承継の通告	(S)	0	0	1	1	(0)
157	イスラエル	1999年10月 6日	受諾	(Ac)	0	9	0	9	(0)
165	セルビア	2001年 9月11日	承継の通告	(S)	0	5*[34]	0	5	(1)
175	モルドヴァ	2002年 9月23日	批准	(R)	0	1*[17]	0	1	(0)
183	モンテネグロ	2006年 6月 3日	承継の通告	(S)	1	2*[34]	0	3	(0)
	合計				63 (9)	426 (14)	10 (1)	499 (24)	(4)

<ラテンアメリカ・カリブ>締約国(33か国) ※国名の前の番号は、世界遺産条約の締約順。

番号	国名	世界遺産条約締約日			自然遺産	文化遺産	複合遺産	合計	【うち危機遺産】
14	エクアドル	1975年 6月16日	受諾	(Ac)	2	3*[31]	0	5	(0)
26	ボリヴィア	1976年10月 4日	批准	(R)	1	6*[31]	0	7	(1)
29	ガイアナ	1977年 6月20日	受諾	(Ac)	0	0	0	0	(0)
32	コスタリカ	1977年 8月23日	批准	(R)	3*[8]	1	0	4	(0)
33	ブラジル	1977年 9月 1日	受諾	(Ac)	7	13*[9]	0	20	(0)
35	パナマ	1978年 3月 3日	批准	(R)	3*[8]	2	0	5	(1)
39	アルゼンチン	1978年 8月23日	受諾	(Ac)	4	6*[9][31][33]	0	10	(0)
43	グアテマラ	1979年 1月16日	批准	(R)	0	2	1	3	(0)
46	ホンジュラス	1979年 6月 8日	批准	(R)	1	1	0	2	(0)
48	ニカラグア	1979年12月17日	受諾	(Ac)	0	2	0	2	(0)
49	ハイチ	1980年 1月18日	批准	(R)	0	1	0	1	(0)
50	チリ	1980年 2月20日	批准	(R)	0	6*[31]	0	6	(1)
58	キューバ	1981年 3月24日	批准	(R)	2	7	0	9	(0)
62	ペルー	1982年 2月24日	批准	(R)	2	8*[31]	2	12	(1)
72	コロンビア	1983年 5月24日	受諾	(Ac)	2	6*[31]	0	8	(0)
73	ジャマイカ	1983年 6月14日	受諾	(Ac)	0	0	1	1	(0)
77	アンチグア・バーブーダ	1983年11月 1日	受諾	(Ac)	0	1	0	1	(0)
78	メキシコ	1984年 2月23日	受諾	(Ac)	6	27	1	34	(0)
84	ドミニカ共和国	1985年 2月12日	批准	(R)	0	0	0	0	(0)
89	セントキッツ・ネイヴィース	1986年 7月10日	受諾	(Ac)	0	1	0	1	(0)
99	パラグアイ	1988年 4月27日	批准	(R)	0	1	0	1	(0)
106	ウルグアイ	1989年 3月 9日	受諾	(Ac)	0	2	0	2	(0)
111	ヴェネズエラ	1990年10月30日	受諾	(Ac)	1	2	0	3	(1)
112	ベリーズ	1990年11月 6日	批准	(R)	1	0	0	1	(1)
117	エルサルバドル	1991年10月 8日	批准	(R)	0	1	0	1	(0)
118	セントルシア	1991年10月14日	批准	(R)	1	0	0	1	(0)
141	ドミニカ国	1995年 4月 4日	批准	(R)	1	0	0	1	(0)
151	スリナム	1997年10月23日	受諾	(Ac)	1	1	0	2	(0)
154	グレナダ	1998年 8月13日	受諾	(Ac)	0	0	0	0	(0)

ユネスコ世界遺産の概要

169	バルバドス	2002年 4月 9日 受諾 (Ac)	0	1	0	1	(0)	
176	セント・ヴィンセントおよびグレナディーン諸島	2003年 2月 3日 批准 (R)	0	0	0	0	(0)	
180	トリニダード・トバコ	2005年 2月16日 批准 (R)	0	0	0	0	(0)	
191	バハマ	2014年 5月15日 批准 (R)	0	0	0	0	(0)	
	合計		37 (1)	96 (3)	5	138 (4)	(7)	

		自然遺産	文化遺産	複合遺産	合計	【うち危機遺産】
総合計		203 (14)	814 (18)	35 (2)	1052 (34)	(55) (1)
	( )内は、複数国にまたがる物件の数					

(注)「批准」とは、いったん署名された条約を、署名した国がもち帰って再検討し、その条約に拘束されることについて、最終的、かつ、正式に同意すること。批准された条約は、批准書を寄託者に送付することによって正式に効力をもつ。多数国条約の寄託者は、それぞれの条約で決められるが、世界遺産条約は、国連教育科学文化機関(ユネスコ)事務局長を寄託者としている。「批准」、「受諾」、「加入」のどの手続きをとる場合でも、「条約に拘束されることについての国の同意」としての効果は同じだが、手続きの複雑さが異なる。この条約の場合、「批准」、「受諾」は、ユネスコ加盟国がこの条約に拘束されることに同意する場合、「加入」は、ユネスコ非加盟国が同意する場合にそれぞれ用いる手続き。「批准」と他の2つの最大の違いは、わが国の場合、天皇による認証という手順を踏むこと。「受諾」、「承認」、「加入」の3つは、手続的には大きな違いはなく、基本的には寄託する文書の書式、タイトルが違うだけである。

(注)＊複数国にまたがる世界遺産

①	モシ・オア・トゥニャ(ヴィクトリア瀑布)	自然遺産	ザンビア、ジンバブエ
②	ニンバ山厳正自然保護区	自然遺産	ギニア、コートジボワール ★【危機遺産】
③	ビャウォヴィエジャ森林	自然遺産	ベラルーシ、ポーランド
④	アグテレック・カルストとスロヴァキア・カルストの鍾乳洞群	自然遺産	ハンガリー、スロヴァキア
⑤	ローマ歴史地区、教皇領とサンパオロ・フォーリ・レ・ムーラ大聖堂	文化遺産	イタリア、ヴァチカン
⑥	クルエーン/ラングルーセントエライアス/グレーシャーベイ/タッシェンシニ・アルセク	自然遺産	カナダ、アメリカ合衆国
⑦	ウォータートン・グレーシャー国際平和自然公園	自然遺産	カナダ、アメリカ合衆国
⑧	タラマンカ地方-ラ・アミスター保護区群/ラ・アミスター国立公園	自然遺産	コスタリカ、パナマ
⑨	グアラニー人のイエズス会伝道所	文化遺産	アルゼンチン、ブラジル
⑩	ピレネー地方-ペルデュー山	複合遺産	フランス、スペイン
⑪	クルシュ砂州	文化遺産	リトアニア、ロシア連邦
⑫	フェルトゥー・ノイジィードラーゼーの文化的景観	文化遺産	オーストリア、ハンガリー
⑬	ウブス・ヌール盆地	自然遺産	モンゴル、ロシア連邦
⑭	ムスカウ公園/ムザコフスキー公園	文化遺産	ドイツ、ポーランド
⑮	ベルギーとフランスの鐘楼群	文化遺産	ベルギー、フランス
⑯	ローマ帝国の国境界線	文化遺産	英国、ドイツ
⑰	シュトルーヴェの測地弧	文化遺産	ノルウェー、スウェーデン、フィンランド、エストニア、ラトヴィア、リトアニア、ロシア連邦、ベラルーシ、ウクライナ、モルドヴァ
⑱	セネガンビアの環状列石群	文化遺産	ガンビア、セネガル
⑲	ハイ・コースト/クヴァルケン群島	自然遺産	スウェーデン、フィンランド
⑳	カルパチア山脈の原生ブナ林群とドイツの古代ブナ林群	自然遺産	ウクライナ、スロヴァキア、ドイツ
㉑	レーティシェ鉄道アルブラ線とベルニナ線の景観群	文化遺産	イタリア、スイス
㉒	ワッデン海	自然遺産	ドイツ、オランダ
㉓	モン・サン・ジョルジオ	自然遺産	イタリア、スイス
㉔	コア渓谷とシエガ・ヴェルデの先史時代の岩壁画	文化遺産	ポルトガル、スペイン
㉕	アルプス山脈周辺の先史時代の杭上住居群	文化遺産	スイス、オーストリア、フランス、ドイツ、イタリア、スロヴェニア
㉖	サンガ川の三か国流域	自然遺産	コンゴ、カメルーン、中央アフリカ

世界遺産ガイド-文化の道編-

㉗水銀の遺産、アルマデン鉱山とイドリャ鉱山	文化遺産	スペイン、スロヴェニア
㉘マロティ-ドラケンスバーグ公園	複合遺産	南アフリカ、レソト
㉙ポーランドとウクライナのカルパチア地方の木造教会群	文化遺産	ポーランド、ウクライナ
㉚シルクロード：長安・天山回廊の道路網	文化遺産	カザフスタン、キルギス、中国
㉛カパック・ニャン、アンデス山脈の道路網	文化遺産	コロンビア、エクアドル、ペルー、ボリヴィア、チリ、アルゼンチン
㉜西天山	自然遺産	カザフスタン、キルギス、ウズベキスタン
㉝ル・コルビュジエの建築作品-近代化運動への顕著な貢献	文化遺産	フランス、スイス、ベルギー、ドイツ、インド、日本、アルゼンチン
㉞ステチェツィの中世の墓碑群	文化遺産	ボスニア・ヘルツェゴヴィナ、クロアチア、セルビア、モンテネグロ

⑨ 世界遺産条約締約国総会の開催歴

回　次	開催都市（国名）	開催期間
第 1 回	ナイロビ（ケニア）	1976年11月26日
第 2 回	パリ（フランス）	1978年11月24日
第 3 回	ベオグラード（ユーゴスラヴィア）	1980年10月 7日
第 4 回	パリ（フランス）	1983年10月28日
第 5 回	ソフィア（ブルガリア）	1985年11月 4日
第 6 回	パリ（フランス）	1987年10月30日
第 7 回	パリ（フランス）	1989年11月 9日〜11月13日
第 8 回	パリ（フランス）	1991年11月 2日
第 9 回	パリ（フランス）	1993年10月29日〜10月30日
第10回	パリ（フランス）	1995年11月 2日〜11月 3日
第11回	パリ（フランス）	1997年10月27日〜10月28日
第12回	パリ（フランス）	1999年10月28日〜10月29日
第13回	パリ（フランス）	2001年11月 6日〜11月 7日
第14回	パリ（フランス）	2003年10月14日〜10月15日
第15回	パリ（フランス）	2005年10月10日〜10月11日
第16回	パリ（フランス）	2007年10月23日〜10月25日
第17回	パリ（フランス）	2009年10月23日〜10月28日
第18回	パリ（フランス）	2011年11月 7日〜11月 8日
第19回	パリ（フランス）	2013年11月19日〜11月21日
第20回	パリ（フランス）	2015年11月18日〜11月20日

臨　時
| 第 1 回 | パリ（フランス） | 2014年11月13日〜11月14日 |

⑩ 世界遺産委員会

　世界遺産条約第8条に基づいて設置された政府間委員会で、「世界遺産リスト」と「危機にさらされている世界遺産リスト」の作成、リストに登録された遺産の保全状態のモニター、世界遺産基金の効果的な運用の検討などを行う。

　（世界遺産委員会における主要議題）

- ●定期報告（6年毎の地域別の世界遺産の状況、フォローアップ等）
- ●「危険にさらされている世界遺産リスト」に登録されている物件のその後の改善状況の報告、「世界遺産リスト」に登録されている物件のうちリアクティブ・モニタリングに基づく報告
- ●「世界遺産リスト」および「危険にさらされている世界遺産リスト」への登録物件の審議

ユネスコ世界遺産の概要

【新登録関係の世界遺産委員会の4つの決議区分】
① 登録（記載）（Inscription）　世界遺産リストに登録（記載）するもの。
② 情報照会（Referral）　追加情報の提出を求めた上で、次回以降の世界遺産委員会で再審議するもの。
③ 登録（記載）延期（Deferral）　より綿密な調査や登録推薦書類の抜本的な改定が必要なもの。登録推薦書類を再提出した後、約１年半をかけて再度、専門機関のIUCNやICOMOSの審査を受ける必要がある。
④ 不登録（不記載）（Decision not to inscribe）　登録（記載）にふさわしくないもの。例外的な場合を除いては、再度の登録推薦は不可。

● 「世界遺産基金」予算の承認 と国際援助要請の審議
● グローバル戦略や世界遺産戦略の目標等の審議

11 世界遺産委員会委員国

　世界遺産委員会委員国は、世界遺産条約締結国の中から、世界の異なる地域および文化が均等に代表される様に選ばれた、21か国によって構成される。任期は原則6年であるが、4年に短縮できる。2年毎に開かれる世界遺産条約締約国総会で改選される。世界遺産委員会ビューローは、毎年、世界遺産委員会によって選出された7か国（◎議長国 1、○副議長国 5、□ラポルチュール（報告担当国）1)によって構成される。2016年12月現在の世界遺産委員会の委員国は、下記の通り。

クロアチア、フィンランド、ジャマイカ、カザフスタン、レバノン、ペルー、フィリピン、ポーランド、ポルトガル、韓国、トルコ、ヴェトナム
　（任期　第39回ユネスコ総会の会期終了＜2017年11月頃＞まで）

アンゴラ、アゼルバイジャン、ブルキナファソ、キューバ、インドネシア、クウェート、チュニジア、タンザニア、ジンバブエ
　（任期　第40回ユネスコ総会の会期終了＜2019年11月頃＞まで）

＜第41回世界遺産委員会＞

　◎　議長国　ポーランド
　　　議長：ヤツェク・プルフラ氏（Pro. Jacek Purchla）ポーランド・ユネスコ国内委員会会長

　○　副議長国　アンゴラ、クウェート、ペルー、ポルトガル、韓国

　□　ラポルチュール（報告担当国）　タンザニア　ムハンマド・ジュマ氏（Mr. Juma Muhammad）

＜第40回世界遺産委員会ビューロー＞

　◎　議長国　トルコ
　　　議長：ラーレ・ウルケル氏（Ms Lale Ülkerr）トルコ外務省海外広報・文化局長

　○　副議長国　レバノン、ペルー、フィリピン、ポーランド、タンザニア

　□　ラポルチュール（報告担当国）　韓国　チョ・ユジン女史（Mrs Eugene JO）

⑫ 世界遺産委員会の開催歴

通常

回次	開催都市（国名）	開催期間	登録物件数
第1回	パリ（フランス）	1977年 6月27日～ 7月 1日	0
第2回	ワシントン（アメリカ合衆国）	1978年 9月 5日～ 9月 8日	12
第3回	ルクソール（エジプト）	1979年10月22日～10月26日	45
第4回	パリ（フランス）	1980年 9月 1日～ 9月 5日	28
第5回	シドニー（オーストラリア）	1981年10月26日～10月30日	26
第6回	パリ（フランス）	1982年12月13日～12月17日	24
第7回	フィレンツェ（イタリア）	1983年12月 5日～12月 9日	29
第8回	ブエノスアイレス（アルゼンチン）	1984年10月29日～11月 2日	23
第9回	パリ（フランス）	1985年12月 2日～12月 6日	30
第10回	パリ（フランス）	1986年11月24日～11月28日	31
第11回	パリ（フランス）	1987年12月 7日～12月11日	41
第12回	ブラジリア（ブラジル）	1988年12月 5日～12月 9日	27
第13回	パリ（フランス）	1989年12月11日～12月15日	7
第14回	バンフ（カナダ）	1990年12月 7日～12月12日	17
第15回	カルタゴ（チュニジア）	1991年12月 9日～12月13日	22
第16回	サンタ・フェ（アメリカ合衆国）	1992年12月 7日～12月14日	20
第17回	カルタヘナ（コロンビア）	1993年12月 6日～12月11日	33
第18回	プーケット（タイ）	1994年12月12日～12月17日	29
第19回	ベルリン（ドイツ）	1995年12月 4日～12月 9日	29
第20回	メリダ（メキシコ）	1996年12月 2日～12月 7日	37
第21回	ナポリ（イタリア）	1997年12月 1日～12月 6日	46
第22回	京都（日本）	1998年11月30日～12月 5日	30
第23回	マラケシュ（モロッコ）	1999年11月29日～12月 4日	48
第24回	ケアンズ（オーストラリア）	2000年11月27日～12月 2日	61
第25回	ヘルシンキ（フィンランド）	2001年12月11日～12月16日	31
第26回	ブダペスト（ハンガリー）	2002年 6月24日～ 6月29日	9
第27回	パリ（フランス）	2003年 6月30日～ 7月 5日	24
第28回	蘇州（中国）	2004年 6月28日～ 7月 7日	34
第29回	ダーバン（南アフリカ）	2005年 7月10日～ 7月18日	24
第30回	ヴィリニュス（リトアニア）	2006年 7月 8日～ 7月16日	18
第31回	クライスト・チャーチ(ニュージーランド)	2007年 6月23日～ 7月 2日	22
第32回	ケベック（カナダ）	2008年 7月 2日～ 7月10日	27
第33回	セビリア（スペイン）	2009年 6月22日～ 6月30日	13
第34回	ブラジリア（ブラジル）	2010年 7月25日～ 8月 3日	21
第35回	パリ（フランス）	2011年 6月19日～ 6月29日	25
第36回	サンクトペテルブルク（ロシア連邦）	2012年 6月24日～ 7月 6日	26
第37回	プノンペン（カンボジア）	2013年 6月16日～ 6月27日	19
第38回	ドーハ（カタール）	2014年 6月15日～ 6月25日	26
第39回	ボン（ドイツ）	2015年 6月28日～ 7月 8日	24
第40回	イスタンブール（トルコ）	2016年 7月10日～ 7月17日＊	21
〃	パリ（フランス）	2016年10月24日～10月26日＊	
第41回	クラクフ（ポーランド）	2017年 7月 2日～ 7月12日	X

（注）当初登録された物件が、その後隣国を含めた登録地域の拡大・延長などで、新しい物件として統合・再登録された物件等を含む。
＊トルコでの不測の事態により、当初の会期を3日間短縮、10月にフランスのパリで審議された。

臨　時

回　次	開催都市（国名）	開催期間	登録物件数
第1回	パリ（フランス）	1981年 9月10日～ 9月11日	1
第2回	パリ（フランス）	1997年10月29日	
第3回	パリ（フランス）	1999年 7月12日	
第4回	パリ（フランス）	1999年10月30日	
第5回	パリ（フランス）	2001年 9月12日	
第6回	パリ（フランス）	2003年 3月17日～ 3月22日	
第7回	パリ（フランス）	2004年12月 6日～12月11日	
第8回	パリ（フランス）	2007年10月24日	
第9回	パリ（フランス）	2010年 6月14日	
第10回	パリ（フランス）	2011年11月 9日	

⑬ 世界遺産の種類

世界遺産には、自然遺産、文化遺産、複合遺産の3種類に分類される。

□自然遺産（Natural Heritage）

自然遺産とは、無生物、生物の生成物、または、生成物群からなる特徴のある自然の地域で、鑑賞上、または、学術上、「顕著な普遍的価値」(Outstanding Universal Value) を有するもの、そして、地質学的、または、地形学的な形成物および脅威にさらされている動物、または、植物の種の生息地、または、自生として区域が明確に定められている地域で、学術上、保存上、または、景観上、「顕著な普遍的価値」を有するものと定義することが出来る。

地球上の顕著な普遍的価値をもつ地形や生物、景観などを有する自然遺産の数は、**2016年12月現在、203物件。**

大地溝帯のケニアの湖水システム(ケニア)、セレンゲティ国立公園(タンザニア)、キリマンジャロ国立公園(タンザニア)、モシ・オア・トゥニャ〈ヴィクトリア瀑布〉(ザンビア／ジンバブエ)、サガルマータ国立公園(ネパール)、スマトラの熱帯雨林遺産(インドネシア)、屋久島(日本)、白神山地(日本)、知床(日本)、小笠原諸島(日本)、グレート・バリア・リーフ(オーストラリア)、スイス・アルプス ユングフラウ・アレッチ(スイス)、イルリサート・アイスフィヨルド(デンマーク)、バイカル湖（ロシア連邦）、カナディアン・ロッキー山脈公園(カナダ)、グランド・キャニオン国立公園(アメリカ合衆国)、エバーグレーズ国立公園(アメリカ合衆国)、レヴィジャヒヘド諸島(メキシコ)、ガラパゴス諸島(エクアドル)、イグアス国立公園(ブラジル／アルゼンチン) などがその代表的な物件。

□文化遺産（Cultural Heritage）

文化遺産とは、歴史上、芸術上、または、学術上、「顕著な普遍的価値」(Outstanding Universal Value) を有する記念物、建築物群、記念的意義を有する彫刻および絵画、考古学的な性質の物件および構造物、金石文、洞穴居ならびにこれらの物件の組合せで、歴史的、芸術上、または、学術上、「顕著な普遍的価値」を有するものをいう。

遺跡（Sites）とは、自然と結合したものを含む人工の所産および考古学的遺跡を含む区域で、歴史上、芸術上、民族学上、または、人類学上、「顕著な普遍的価値」を有するものをいう。

建造物群（Groups of buildings）とは、独立し、または、連続した建造物の群で、その建築様式、均質性、または、景観内の位置の為に、歴史上、芸術上、または、学術上、「顕著な普遍的価値」を有するものをいう。

モニュメント（Monuments）とは、建築物、記念的意義を有する彫刻および絵画、考古学的な性質の物件および構造物、金石文、洞穴居ならびにこれらの物件の組合せで、歴史的、芸術上、または、学術上、「顕著な普遍的価値」を有するものをいう。

人類の英知と人間活動の所産を様々な形で語り続ける顕著な普遍的価値をもつ遺跡、建造物群、モニュメントなどの文化遺産の数は、**2016年12月現在、814物件**。

モンバサのジーザス要塞(ケニア)、メンフィスとそのネクロポリス／ギザからダハシュールまでのピラミッド地帯(エジプト)、ペルセポリス(イラン)、サマルカンド(ウズベキスタン)、タージ・マハル(インド)、アンコール(カンボジア)、万里の長城(中国)、高句麗古墳群(北朝鮮)、古都京都の文化財(日本)、厳島神社(日本)、白川郷と五箇山の合掌造り集落(日本)、アテネのアクロポリス(ギリシャ)、ローマ歴史地区(イタリア)、ヴェルサイユ宮殿と庭園(フランス)、アルタミラ洞窟(スペイン)、ストーンヘンジ(英国)、ライン川上中流域の渓谷(ドイツ)、プラハの歴史地区(チェコ)、アウシュヴィッツ強制収容所(ポーランド)、クレムリンと赤の広場(ロシア連邦)、自由の女神像(アメリカ合衆国)、テオティワカン古代都市(メキシコ)、クスコ市街(ペルー)、ブラジリア(ブラジル)、ウマワカの渓谷(アルゼンチン) などがその代表的な物件。

文化遺産の中で、**文化的景観**（Cultural Landscapes）という概念に含まれる物件がある。
文化的景観とは、「人間と自然環境との共同作品」とも言える景観。文化遺産と自然遺産との中間的な存在で、現在は文化遺産の分類に含められており、次の三つのカテゴリーに分類することができる。

1) 庭園、公園など人間によって意図的に設計され創造されたと明らかに定義できる景観
2) 棚田など農林水産業などの産業と関連した有機的に進化する景観で、
   次の2つのサブ・カテゴリーに分けられる。
   ①残存する(或は化石)景観 （a relict (or fossil) landscape）
   ②継続中の景観 （continuing landscape）
3) 聖山など自然的要素が強い宗教、芸術、文化などの事象と関連する文化的景観

コンソ族の文化的景観(エチオピア)、オルホン渓谷の文化的景観(モンゴル)、杭州西湖の文化的景観(中国)、紀伊山地の霊場と参詣道(日本)、石見銀山遺跡とその文化的景観(日本)、フィリピンのコルディリェラ山脈の棚田(フィリピン)、シンクヴェトリル国立公園(アイスランド)、シントラの文化的景観(ポルトガル)、ザルツカンマーグート地方のハルシュタットとダッハシュタインの文化的景観(オーストリア)、トカイ・ワイン地方の歴史的・文化的景観(ハンガリー)、ペルガモンとその多層的な文化的景観(トルコ)、ヴィニャーレス渓谷(キューバ)、パンプーリャ湖近代建築群(ブラジル) などがこの範疇に入る。

□**複合遺産**（Cultural and Natural Heritage）

自然遺産と文化遺産の両方の要件を満たしている物件が**複合遺産**で、最初から複合遺産として登録される場合と、はじめに、自然遺産、あるいは、文化遺産として登録され、その後、もう一方の遺産としても評価されて複合遺産となる場合がある。

世界遺産条約の本旨である自然と文化との結びつきを代表する複合遺産の数は、
2016年12月現在、35物件。

ワディ・ラム保護区(ヨルダン)、カンチェンジュンガ国立公園(インド)、泰山(中国)、チャンアン景観遺産群(ヴェトナム)、ウル・カタジュタ国立公園(オーストラリア)、トンガリロ国立公園(ニュージーランド)、ギョレメ国立公園とカッパドキア(トルコ)、メテオラ(ギリシャ)、ピレネー地方−ペルデュー山(フランス／スペイン)、ティカル国立公園(グアテマラ)、マチュ・ピチュの歴史保護区(ペルー) などが代表的な物件

14 ユネスコ世界遺産の登録要件

　ユネスコ世界遺産の登録要件は、世界的に顕著な普遍的価値（outstanding universal value）を有することが前提であり、世界遺産委員会が定めた世界遺産の登録基準（クライテリア）の一つ以上を完全に満たしている必要がある。また、世界遺産としての価値を将来にわたって継承していく為の保護管理措置が担保されていることが必要である。

15 ユネスコ世界遺産の登録基準

　世界遺産委員会が定める世界遺産の登録基準（クライテリア）が設けられており、このうちの一つ以上の基準を完全に満たしていることが必要。

(i) 人類の創造的天才の傑作を表現するもの。→**人類の創造的天才の傑作**

(ii) ある期間を通じて、または、ある文化圏において、建築、技術、記念碑的芸術、町並み計画、景観デザインの発展に関し、人類の価値の重要な交流を示すもの。→**人類の価値の重要な交流を示すもの**

(iii) 現存する、または、消滅した文化的伝統、または、文明の、唯一の、または、少なくとも稀な証拠となるもの。→**文化的伝統、文明の稀な証拠**

(iv) 人類の歴史上、重要な時代を例証する、ある形式の造物、建築物群、技術の集積、または、景観の顕著な例。→**歴史上、重要な時代を例証する優れた例**

(v) 特に、回復困難な変化の影響下で損傷されやすい状態にある場合における、ある文化（または、複数の文化）或は、環境と人間との相互作用を代表する伝統的集落、または、土地利用の顕著な例。→**存続が危ぶまれている伝統的集落、土地利用の際立つ例**

(vi) 顕著な普遍的な意義を有する出来事、現存する伝統、思想、信仰、または、芸術的、文学的作品と、直接に、または、明白に関連するもの。→**普遍的出来事、伝統、思想、信仰、芸術、文学的作品と関連するもの**

(vii) もっともすばらしい自然的現象、または、ひときわすぐれた自然美をもつ地域、及び、美的な重要性を含むもの。→**自然景観**

(viii) 地球の歴史上の主要な段階を示す顕著な見本であるもの。これには、生物の記録、地形の発達における重要な地学的進行過程、或は、重要な地形的、または、自然地理的特性などが含まれる。→**地形・地質**

(ix) 陸上、淡水、沿岸、及び、海洋生態系と動植物群集の進化と発達において、進行しつつある重要な生態学的、生物学的プロセスを示す顕著な見本であるもの。→**生態系**

(x) 生物多様性の本来的保全にとって、もっとも重要かつ意義深い自然生息地を含んでいるもの。これには、科学上、または、保全上の観点から、すぐれて普遍的価値をもつ絶滅の恐れのある種が存在するものを含む。→**生物多様性**

　（注） → は、わかりやすい覚え方として、当シンクタンクが言い換えたものである。

16 ユネスコ世界遺産に登録されるまでの手順

　世界遺産リストへの登録物件の推薦は、個人や団体ではなく、世界遺産条約を締結した各国政府が行う。日本では、文化遺産は文化庁、自然遺産は環境省と林野庁が中心となって決定している。
　ユネスコの「世界遺産リスト」に登録されるプロセスは、政府が暫定リストに基づいて、パリに事務局がある世界遺産委員会に推薦し、自然遺産については、**IUCN**(国際自然保護連合)、文化遺産については、**ICOMOS**(イコモス　国際記念物遺跡会議)の専門的な評価報告書や**ICCROM**(イクロム　文化財保存修復研究国際センター)の助言などに基づいて審議され、世界遺産リストへの登録の可否が決定される。

　IUCN（The World Conservation Union　国際自然保護連合、以前は、自然及び天然資源の保全に関する国際同盟＜International Union for Conservation of Nature and Natural Resources＞）は、国連環境計画(UNEP)、ユネスコ(UNESCO)などの国連機関や世界自然保護基金(WWF)などの協力の下に、野生生物の保護、自然環境及び自然資源の保全に係わる調査研究、発展途上地域への支援などを行っているほか、絶滅のおそれのある世界の野生生物を網羅したレッド・リスト等を定期的に刊行している。
　世界遺産との関係では、IUCNは、世界遺産委員会への諮問機関としての役割を果たしている。自然保護や野生生物保護の専門家のワールド・ワイドなネットワークを通じて、自然遺産に推薦された物件が世界遺産にふさわしいかどうかの専門的な評価、既に世界遺産に登録されている物件の保全状況のモニタリング(監視)、締約国によって提出された国際援助要請の審査、人材育成活動への支援などを行っている。

　ICOMOS（International Council of Monuments and Sites　国際記念物遺跡会議）は、本部をフランス、パリに置く国際的な非政府組織（NGO）である。1965年に設立され、建築遺産及び考古学的遺産の保全のための理論、方法論、そして、科学技術の応用を推進することを目的としている。1964年に制定された「記念建造物および遺跡の保全と修復のための国際憲章」（ヴェネチア憲章）に示された原則を基盤として活動している。
　世界遺産条約に関するICOMOSの役割は、「世界遺産リスト」への登録推薦物件の審査、文化遺産の保存状況の監視、世界遺産条約締約国から提出された国際援助要請の審査、人材育成への助言及び支援などである。

【新登録候補物件の評価結果についての世界遺産委員会への4つの勧告区分】

① 登録(記載)勧告 　（Recommendation for Inscription）	世界遺産としての価値を認め、世界遺産リストへの登録(記載)を勧める。
② 情報照会勧告 　（Recommendation for Referral）	世界遺産としての価値は認めるが、追加情報の提出を求めた上で、次回以降の世界遺産委員会での審議を勧める。
③ 登録(記載)延期勧告 　（Recommendation for Deferral）	より綿密な調査や登録推薦書類の抜本的な改定が必要なもの。登録推薦書類を再提出した後、約1年半をかけて、再度、専門機関のIUCNやICOMOSの審査を受けることを勧める。
④ 不登録(不記載)勧告 　（Not recommendation for Inscription）	登録(記載)にふさわしくないもの。例外的な場合を除いて再推薦は不可とする。

　ICCROM（International Centre for the Study of the Preservation and Restoration of Cultural Property 文化財保存及び修復の研究のための国際センター）は、本部をイタリア、ローマにおく国際的な政府間機関（IGO）である。ユネスコによって1956年に設立され、不動産・動産の文化遺産の保全強化を目的とした研究、記録、技術支援、研修、普及啓発を行うことを目的としている。
　世界遺産条約に関するICCROMの役割は、文化遺産に関する研修において主導的な協力機関であること、文化遺産の保存状況の監視、世界遺産条約締約国から提出された国際援助要請の審査、人材育成への助言及び支援などである。

17 世界遺産暫定リスト

　世界遺産暫定リストとは、各世界遺産条約締約国が「世界遺産リスト」へ登録することがふさわしいと考える、自国の領域内に存在する物件の目録である。
　従って、世界遺産条約締約国は、各自の世界遺産暫定リストに、将来、登録推薦を行う意思のあ

る物件の名称を示す必要がある。

　2016年12月現在、世界遺産暫定リストに登録されている物件は、1648物件（173か国）であり、世界遺産暫定リスト未作成の国は作成が必要である。

　また、追加や削除など、世界遺産暫定リストの定期的な見直しが必要である。

18 危機にさらされている世界遺産（略称　危機遺産　★【危機遺産】　55物件）

　ユネスコの「危機にさらされている世界遺産リスト」には、2016年12月現在、34の国と地域にわたって自然遺産が18物件、文化遺産が37物件の合計55物件が登録されている。地域別に見ると、アフリカが17物件、アラブ諸国が21物件、アジア・太平洋地域が6物件、ヨーロッパ・北米が4物件、ラテンアメリカ・カリブが7物件となっている。　（44頁から51頁参照）

　危機遺産になった理由としては、地震などの自然災害によるもの、民族紛争などの人為災害によるものなど多様である。世界遺産は、今、イスラム国などによる攻撃、破壊、盗難の危機にさらされている。こうした危機から回避していく為には、戦争や紛争のない平和な社会を築いていかなければならない。それに、開発と保全のあり方も多角的な視点から見つめ直していかなければならない。

　「危機遺産リスト」に登録されても、その後改善措置が講じられ、危機的状況から脱した場合は、「危機遺産リスト」から解除される。一方、一旦解除されても、再び危機にさらされた場合には、再度、「危機遺産リスト」に登録される。一向に改善の見込みがない場合には、「世界遺産リスト」そのものからの登録抹消もありうる。

　現在までの「危機遺産」の登録及び解除の変遷は、50頁から51頁の表の通り。

19 危機にさらされている世界遺産リストへの登録基準

　世界遺産委員会が定める危機にさらされている世界遺産リスト（List of the World Heritage in Danger）への登録基準は、以下の通りで、いずれか一つに該当する場合に登録される。

〔自然遺産の場合〕

(1) **確認危険**　遺産が特定の確認された差し迫った危険に直面している、例えば、

　　a. 法的に遺産保護が定められた根拠となった顕著で普遍的な価値をもつ種で、絶滅の危機にさらされている種やその他の種の個体数が、病気などの自然要因、或は、密猟・密漁などの人為的要因などによって著しく低下している
　　b. 人間の定住、遺産の大部分が氾濫するような貯水池の建設、産業開発や、農薬や肥料の使用を含む農業の発展、大規模な公共事業、採掘、汚染、森林伐採、燃料材の採取などによって、遺産の自然美や学術的価値が重大な損壊を被っている
　　c. 境界や上流地域への人間の侵入により、遺産の完全性が脅かされる

(2) **潜在危険**　遺産固有の特徴に有害な影響を与えかねない脅威に直面している、例えば、

　　a. 指定地域の法的な保護状態の変化
　　b. 遺産内か、或は、遺産に影響が及ぶような場所における再移住計画、或は、開発事業
　　c. 武力紛争の勃発、或は、その恐れ
　　d. 保護管理計画が欠如しているか、不適切か、或は、十分に実施されていない

〔文化遺産の場合〕

(1) **確認危険** 遺産が特定の確認された差し迫った危険に直面している、例えば、

    a. 材質の重大な損壊
    b. 構造、或は、装飾的な特徴の重大な損壊
    c. 建築、或は、都市計画の統一性の重大な損壊
    d. 都市、或は、地方の空間、或は、自然環境の重大な損壊
    e. 歴史的な真正性の重大な喪失
    f. 文化的な意義の大きな喪失

(2) **潜在危険** 遺産固有の特徴に有害な影響を与えかねない脅威に直面している、例えば、

    a. 保護の度合いを弱めるような遺産の法的地位の変化
    b. 保護政策の欠如
    c. 地域開発計画による脅威的な影響
    d. 都市開発計画による脅威的な影響
    e. 武力紛争の勃発、或は、その恐れ
    f. 地質、気象、その他の環境的な要因による漸進的変化

20 監視強化メカニズム

　監視強化メカニズム（Reinforced Monitoring Mechanism略称：RMM）とは、2007年4月に開催されたユネスコの第176回理事会で採択された「世界遺産条約の枠組みの中で、世界遺産委員会の決議の適切な履行を確保する為のメカニズムを世界遺産委員会で提案すること」の事務局長への要請を受け、2007年の第31回世界遺産委員会で採択された新しい監視強化メカニズムのことである。RMMの目的は、「顕著な普遍的価値」の喪失につながりかねない突発的、偶発的な原因や理由で、深刻な危機的状況に陥った現場に専門家を速やかに派遣、監視し、次の世界遺産委員会での決議を待つまでもなく可及的速やかな対応や緊急措置を講じられる仕組みである。

21 世界遺産リストからの登録抹消

　ユネスコの世界遺産は、「世界遺産リスト」への登録後において、下記のいずれかに該当する場合、世界遺産委員会は、「世界遺産リスト」から登録抹消の手続きを行なうことが出来る。

1) 世界遺産登録を決定づけた物件の特徴が失われるほど物件の状態が悪化した場合。
2) 世界遺産の本来の特質が、登録推薦の時点で、既に、人間の行為によって脅かされており、かつ、その時点で世界遺産条約締約国によりまとめられた必要な改善措置が、予定された期間内に講じられなかった場合。

これまでの登録抹消の事例としては、下記の2つの事例がある。

- ●オマーン　　「アラビアン・オリックス保護区」
　　　　　　　（自然遺産　1994年世界遺産登録　2007年登録抹消）
　　　　　　　＜理由＞油田開発の為、オペレーショナル・ガイドラインズに違反し世界遺産の登録範囲を勝手に変更したことによる世界遺産登録時の完全性の喪失。
- ●ドイツ　　　「ドレスデンのエルベ渓谷」
　　　　　　　（文化遺産　2004年世界遺産登録　★【危機遺産】2006年登録　2009年登録抹消）
　　　　　　　＜理由＞文化的景観の中心部での橋の建設による世界遺産登録時の完全性の喪失。

22 世界遺産基金

　世界遺産基金とは、世界遺産の保護を目的とした基金で、2016～2017年(2年間)の予算案は、6,559,877US$。世界遺産条約が有効に機能している最大の理由は、この世界遺産基金を締約国に義務づけることにより世界遺産保護に関わる援助金を確保できることであり、その使途については、世界遺産委員会等で審議される。

　日本は、世界遺産基金への分担金として、世界遺産条約締約後の1993年には、762,080US$(1992年／1993年分を含む)、その後、1994年 395,109US$、1995年 443,903US$、1996年 563,178US$、1997年 571,108US$、1998年 641,312US$、1999年 677,834US$、2000年 680,459US$、2001年 598,804US$、2002年 598,804US$、2003年 598,804US$、2004年 597,038US$、2005年 597,038US$、2006年 509,350US$、2007年 509,350US$、2008年 509,350US$、2009年 509,350US$、2010年 409,137US$、2011年 409,137US$、2012年 409,137US$、2013年 353,730US$、2014年 353,730US$、2015年 353,730US$ を拠出している。2016年は、353,730US$ を予定している。

(1) 世界遺産基金の財源

　□世界遺産条約締約国に義務づけられた分担金(ユネスコに対する分担金の1%を上限とする額)
　□各国政府の自主的拠出金、団体・機関(法人)や個人からの寄付金

(2016年予算案の分担金または任意拠出金の支払予定上位国)

❶米国	718,300 US$	❷日本	353,730 US$	❸ドイツ	233,186 US$
❹フランス	182,611 US$	❺英国	169,094 US$	❻中国	168,082 US$
❼イタリア	145,227 US$	❽カナダ	97,428 US$	❾スペイン	97,068 US$
❿ブラジル	95,795 US$	⓫ロシア連邦	79,601 US$	⓬オーストラリア	67,716 US$
⓭韓国	65,104 US$	⓮メキシコ	60,141 US$	⓯オランダ	54,003 US$
⓰トルコ	43,359 US$	⓱スイス	34,185 US$	⓲ベルギー	32,585 US$
⓳スウェーデン	31,344 US$	⓴ポーランド	30,071 US$		

世界遺産基金（The World Heritage Fund／Fonds du Patrimoine Mondial）

- UNESCO account No. 949-1-191558　　　　　　　　　(US$)
  CHASE MANHATTAN BANK　4 Metrotech Center,Brooklyn,NewYork,NY 11245 USA
  SWIFT CODE:CHASUS33-ABA No.0210-0002-1
- UNESCO account No. 30003-03301-00037291180-53　　　($ EU)
  Societe Generale　106 rue Saint-Dominique 75007 paris　FRANCE
  SWIFT CODE:SOGE FRPPAFS

(2) 世界遺産基金からの国際援助の種類と援助実績

①世界遺産登録の準備への援助（Preparatory Assistance）

　＜例示＞
- カンボジア　　　サンボール・プレイ・クックの遺跡群　　　　　　　30,000 US$
- エリトリア　　　アスマラの歴史都市　　　　　　　　　　　　　　　30,000 US$
- ブルキナファソ　古代の鉄還元冶金術の遺跡群　　　　　　　　　　　29,994 US$
- 赤道ギニア　　　暫定リストの作成　　　　　　　　　　　　　　　　27,628 US$
- マリ　　　　　　カンガバの聖なる家カマブロン　　　　　　　　　　23,890 US$

②保存管理への援助（Conservation and Management Assistance）

＜例示＞
- パレスチナ　　　　オリーブとワインの地パレスチナーエルサレム南部のバティール村の文化的景観　30,000 US＄
- ボリヴィア　　　　ポトシ市街　　　　　　　　　　　　　　　　　　　　　　　29,992 US＄
- ヴェトナム　　　　フエの建築物群　　　　　　　　　　　　　　　　　　　　　29,930 US＄
- イエメン　　　　　サナアの旧市街　　　　　　　　　　　　　　　　　　　　　29,830 US＄
- イエメン　　　　　ザビドの歴史都市　　　　　　　　　　　　　　　　　　　　29,830 US＄
- モーリシャス　　　アアプラヴァシ・ガード　　　　　　　　　　　　　　　　　29,500 US＄
- ウズベキスタン　　ブハラの歴史地区　　　　　　　　　　　　　　　　　　　　29,000 US＄
- セネガル　　　　　ゴレ島　　　　　　　　　　　　　　　　　　　　　　　　　27,410 US＄
- ガンビア　　　　　セネガンビアの環状列石群　　　　　　　　　　　　　　　　27,018 US＄

③緊急援助（Emergency Assistance）

＜例示＞
- チェコ　　　　　　プラハの歴史地区　　　　　　　　　　　　　　　　　　　　75,000 US＄
- チリ　　　　　　　ハンバーストーンとサンタ・ラウラの硝石工場群　　　　　　75,000 US＄
- コンゴ民主共和国　ガランバ国立公園と隣接する狩猟場　　　　　　　　　　　　75,000 US＄
- アフガニスタン　　ジャムのミナレットと考古学遺跡　　　　　　　　　　　　　73,750 US＄
- ニカラグア　　　　レオン・ヴィエホの遺跡　　　　　　　　　　　　　　　　　71,347 US＄

23 ユネスコ文化遺産保存日本信託基金

ユネスコが日本政府の拠出金によって設置している日本信託基金には、次の様な基金がある。

○ユネスコ文化遺産保存信託基金（外務省所管）
○ユネスコ人的資源開発信託基金（外務省所管）
○ユネスコ青年交流信託基金（文部科学省所管）
○万人のための教育信託基金（文部科学省所管）
○持続可能な開発のための教育信託基金（文部科学省所管）
○ユネスコ地球規模の課題の解決のための科学事業信託基金（文部科学省所管）
○ユネスコ技術援助専門家派遣信託基金（文部科学省所管）
○エイズ教育特別信託基金（文部科学省所管）
○アジア太平洋地域教育協力信託基金（文部科学省所管）

これらのうち、ユネスコ文化遺産保存日本信託基金による主な実施中の案件は、次の通り。

- カンボジア「アンコール遺跡」　　　国際調整委員会等国際会議の開催　1990年～
  　　　　　　　　　　　　　　　　　保存修復事業等　1994年～
- ネパール「カトマンズ渓谷」　　　　ダルバール広場の文化遺産の復旧・復興　2015年～
- ネパール「ルンビニ遺跡」　　　　　建造物等保存措置、考古学調査、統合的マスタープラン
  　　　　　　　　　　　　　　　　　策定、管理プロセスのレビュー、専門家育成　2010年～
- ミャンマー「バガン遺跡」　　　　　遺跡保存水準の改善、人材養成　2014年～2016年
- アフガニスタン「バーミヤン遺跡」　壁画保存、マスタープランの策定、東大仏龕の固定、
  　　　　　　　　　　　　　　　　　西大仏龕奥壁の安定化　2003年～
- ボリヴィア「ティワナク遺跡」　　　管理計画の策定、人材育成（保存管理、発掘技術等）
  　　　　　　　　　　　　　　　　　2008年～
- カザフスタン、キルギス、タジキスタン、トルクメニスタン、ウズベキスタン
  「シルクロード世界遺産推薦　　　　遺跡におけるドキュメンテーション実地訓練・人材育成
  ドキュメンテーション支援」　　　　2010年～

ユネスコ世界遺産の概要

- カーボヴェルデ、サントメ・プリンシペ、コモロ、モーリシャス、セーシェル、モルディブ、ミクロネシア、クック諸島、ニウエ、トンガ、ツバル、ナウル、アンティグア・バーブーダ、バハマ、バルバドス、ベリーズ、キューバ、ドミニカ、グレナダ、ガイアナ、ジャマイカ、セントクリストファー・ネーヴィス、セントルシア、セントビンセント・グレナディーン、スリナム、トリニダード・トバコ
「小島嶼開発途上国における世界遺産サイト保護支援」 能力形成及び地域共同体の持続可能な開発の強化 2011年〜2016年
- ウガンダ「カスビ王墓再建事業」 リスク管理及び火災防止、藁葺き技術調査、能力形成 2013年〜
- グアテマラ「ティカル遺跡保存事業」 北アクロポリスの3Dデータの収集及び登録、人材育成 2016年〜
- ブータン「南アジア文化的景観支援」 ワークショップの開催 2016年〜
- アルゼンチン、ボリビア、チリ、コロンビア、エクアドル、ペルー 「カパック・ニャン—アンデス道路網の保存支援事業」 モニタリングシステムの設置及び実施 2016年〜
- セネガル「ゴレ島の護岸保護支援」 ゴレ島南沿岸の緊急対策措置（波止場の再建、世界遺産サイト管理サービスの設置等） 2016年〜
- アルジェリア「カスバの保護支援事業」 専門家会合の開催 2016年〜

24 日本の世界遺産条約の締結とその後の世界遺産登録

1992年 6月19日	世界遺産条約締結を国会で承認。
1992年 6月26日	受諾の閣議決定。
1992年 6月30日	受諾書寄託、125番目*の世界遺産条約締約国となる。
	*現在は、旧ユーゴスラヴィアの解体によって、締約国リスト上では、124番目になっている。
1992年 9月30日	わが国について発効。
1992年10月	ユネスコに、奈良の寺院・神社、姫路城、日光の社寺、鎌倉の寺院・神社、法隆寺の仏教建造物、厳島神社、彦根城、琉球王国の城・遺跡群、白川郷の集落、京都の社寺、白神山地、屋久島の12件の暫定リストを提出。
1993年12月	世界遺産リストに「法隆寺地域の仏教建造物」、「姫路城」、「屋久島」、「白神山地」の4件が登録される。
1994年11月	「世界文化遺産奈良コンファレンス」を奈良市で開催。「オーセンティシティに関する奈良ドキュメント」を採択。
1994年12月	世界遺産リストに「古都京都の文化財(京都市、宇治市、大津市)」が登録される。
1995年 9月	ユネスコの暫定リストに原爆ドームを追加。
1995年12月	世界遺産リストに「白川郷・五箇山の合掌造り集落」が登録される。
1996年12月	世界遺産リストに「広島の平和記念碑(原爆ドーム)」、「厳島神社」の2件が登録される。
1998年11月30日〜12月 5日	第22回世界遺産委員会京都会議
1998年12月	世界遺産リストに「古都奈良の文化財」が登録される。
1999年11月	松浦晃一郎氏が日本人として初めてユネスコ事務局長（第8代）に就任。
1999年12月	世界遺産リストに「日光の社寺」が登録される。
2000年5月18〜21日	世界自然遺産会議・屋久島2000
2000年12月	世界遺産リストに「琉球王国のグスク及び関連遺産群」が登録される。
2001年 4月 6日	ユネスコの暫定リストに「平泉の文化遺産」、「紀伊山地の霊場と参詣道」、「石見銀山遺跡」の3件を追加。
2001年9月5〜10日	アジア・太平洋地域における信仰の山の文化的景観に関する専門家会議を和歌山市で開催。

世界遺産ガイド－文化の道編－

ユネスコ世界遺産の概要

2002年 6月30日		世界遺産条約受諾10周年。
2004年 7月		世界遺産リストに「紀伊山地の霊場と参詣道」が登録される。
2005年 7月		世界遺産リストに「知床」が登録される。
2005年10月15〜17日		第2回世界自然遺産会議　白神山地会議
2007年 1月30日		ユネスコの暫定リストに「富岡製糸場と絹産業遺産群」、「小笠原諸島」、「長崎の教会群とキリスト教関連遺産」、「飛鳥・藤原－古代日本の宮都と遺跡群」、「富士山」の5件を追加。
2007年 7月		世界遺産リストに「石見銀山遺跡とその文化的景観」が登録される。
2007年 9月14日		ユネスコの暫定リストに「国立西洋美術館本館」を追加。
2008年 6月		第32回世界遺産委員会ケベック・シティ会議で、「平泉－浄土思想を基調とする文化的景観－」の世界遺産リストへの登録の可否が審議され、わが国の世界遺産登録史上初めての「登録延期」となる。2011年の登録実現をめざす。
2009年 1月 5日		ユネスコの暫定リストに「北海道・北東北を中心とした縄文遺跡群」、「九州・山口の近代化産業遺産群」、「宗像・沖ノ島と関連遺産群」の3件を追加。
2009年 6月		第33回世界遺産委員会セビリア会議で、「ル・コルビジュエの建築と都市計画」（構成資産のひとつが「国立西洋美術館本館」）の世界遺産リストへの登録の可否が審議され、「情報照会」となる。
2010年 6月		ユネスコの暫定リストに「百舌鳥・古市古墳群」、「金を中心とする佐渡鉱山の遺産群」の2件を追加することを、文化審議会文化財分科会世界文化遺産特別委員会で決議。
2010年 7月		第34回世界遺産委員会ブラジリア会議で、「石見銀山遺跡とその文化的景観」の登録範囲の軽微な変更（442.4ha→529.17ha）がなされる。
2011年 6月		第35回世界遺産委員会パリ会議で、「小笠原諸島」、「平泉-仏国土(浄土)を表す建築・庭園及び考古学的遺跡群」の2件が登録される。「ル・コルビュジエの建築作品-近代建築運動への顕著な貢献-」（構成資産のひとつが「国立西洋美術館本館」）は、「登録延期」決議がなされる。
2012年 1月25日		日本政府は、世界遺産条約関係省庁連絡会議を開き、「富士山」（山梨県・静岡県）と「武家の古都・鎌倉」（神奈川県）を、2013年の世界文化遺産登録に向け、正式推薦することを決定。
2012年 7月12日		文化審議会の世界文化遺産特別委員会は、「富岡製糸場と絹産業遺産群」（群馬県）を2014年の世界文化遺産登録推薦候補とすること、それに、2011年に世界遺産リストに登録された「平泉」の登録範囲の拡大と登録遺産名の変更に伴い、追加する構成資産を世界遺産暫定リスト登録候補にすることを了承。
2012年11月		世界遺産条約採択40周年記念最終会合が、京都市の国立京都国際会館にて開催される。（11月6日〜8日）
2013年 4月30日		イコモス、「富士山」を「記載」、「武家の古都・鎌倉」は「不記載」を勧告。
2013年 6月 4日		「武家の古都・鎌倉」について、世界遺産リスト記載推薦を取り下げることを決定。
2013年 6月22日		第37回世界遺産委員会プノンペン会議で、「富士山－信仰の対象と芸術の源泉」が登録される。
2013年 8月23日		文化審議会世界文化遺産・無形文化遺産部会及び世界文化遺産特別委員会で、「明治日本の産業革命遺産－九州・山口と関連遺産－」を2015年の世界遺産候補とすることを決定。
2014年 6月21日		第38回世界遺産委員会ドーハ会議で、「富岡製糸場と絹産業遺産群」が登録される。
2014年 7月10日		文化審議会世界文化遺産・無形文化遺産部会及び世界文化遺産特別委員会で、「長崎の教会群とキリスト教関連遺産」を2016年の世界遺産候補とすることを決定。
2015年 5月 4日		イコモス、「明治日本の産業革命遺産－九州・山口と関連遺産－」について、「記載」を勧告。
2015年 7月 5日		第39回世界遺産委員会ボン会議で、「明治日本の産業革命遺産：製鉄・製鋼、造船、石炭産業」について、議長の差配により審議なしで登録が決議された後、日本及び韓国からステートメントが発せられた。

シンクタンクせとうち総合研究機構

2015年 7月28日		文化審議会世界文化遺産・無形文化遺産部会及び世界文化遺産特別委員会で、「『神宿る島』宗像・沖ノ島と関連遺産群」を2017年の世界遺産候補とすることを決定。
2016年 1月		「富士山－信仰の対象と芸術の源泉」の保全状況報告書をユネスコ世界遺産センターに提出。(2016年7月の第40回世界遺産委員会イスタンブール会議で審議)
2016年 2月		ユネスコの暫定リストに「奄美大島、徳之島、沖縄島北部および西表島」を追加。イコモスの中間報告において、「長崎の教会群とキリスト教関連遺産」について、「長崎の教会群」の世界遺産としての価値を、「禁教・潜伏期」に焦点をあてた内容に見直すべきとの評価が示され推薦を取下げ、修正後、2018年の登録をめざす。
2016年 5月17日		フランスなどとの共同推薦の「ル・コルビュジエの建築作品－近代建築運動への顕著な貢献－」(日本の推薦物件は「国立西洋美術館」)、「登録記載」の勧告。
2016年 7月17日		第40回世界遺産委員会イスタンブール会議で、「ル・コルビュジエの建築作品－近代建築運動への顕著な貢献－」が登録される。(フランスなど7か国17資産)
2016年 7月25日		文化審議会において、「長崎の教会群とキリスト教関連遺産」を2018年の世界遺産候補とすることを決定。→「長崎と天草地方の潜伏キリシタン関連遺産」
2016年 10月		第40回世界遺産委員会パリ臨時会議で、「紀伊山地の霊場と参詣道」の軽微な変更(「熊野参詣道」及び「高野参詣道」について、延長約41.1km、面積11.1haを追加)がなされる。

25 日本のユネスコ世界遺産

2016年12月現在、20物件(**自然遺産** 4物件、**文化遺産**16物件)が「世界遺産リスト」に登録されており、世界第12位である。

❶ **法隆寺地域の仏教建造物**
　奈良県生駒郡斑鳩町　文化遺産(登録基準(i)(ii)(iv)(vi))　1993年
❷ **姫路城**
　兵庫県姫路市本町　文化遺産(登録基準(i)(iv))　1993年
③ **白神山地**
　青森県(西津軽郡鰺ヶ沢町、深浦町、中津軽郡西目屋村)
　秋田県(山本郡藤里町、八峰町、能代市)
　自然遺産(登録基準(ix))　1993年
④ **屋久島**
　鹿児島県熊毛郡屋久島町
　自然遺産(登録基準(vii)(ix))　1993年
❺ **古都京都の文化財(京都市　宇治市　大津市)**
　京都府(京都市、宇治市)、滋賀県(大津市)
　文化遺産(登録基準(ii)(iv))　1994年
❻ **白川郷・五箇山の合掌造り集落**
　岐阜県(大野郡白川村)、富山県(南砺市)
　文化遺産(登録基準(iv)(v))　1995年
❼ **広島の平和記念碑(原爆ドーム)**
　広島県広島市中区大手町　文化遺産(登録基準(vi))　1996年
❽ **厳島神社**
　広島県廿日市市宮島町
　文化遺産(登録基準(i)(ii)(iv)(vi))　1996年
❾ **古都奈良の文化財**
　奈良県奈良市　文化遺産(登録基準(ii)(iii)(iv)(vi))　1998年
❿ **日光の社寺**
　栃木県日光市　文化遺産(登録基準(i)(iv)(vi))　1999年

⑪ 琉球王国のグスク及び関連遺産群
　沖縄県（那覇市、うるま市、国頭郡今帰仁村、中頭郡読谷村、北中城村、中城村、南城市）
　文化遺産（登録基準(ii)(iii)(vi)）　2000年
⑫ 紀伊山地の霊場と参詣道
　三重県（尾鷲市、熊野市、度会郡大紀町、北牟婁郡紀北町、南牟婁郡御浜町、紀宝町）
　奈良県（吉野郡吉野町、黒滝村、天川村、野迫川村、十津川村、下北山村、上北山村、川上村）
　和歌山県（新宮市、田辺市、橋本市、伊都郡かつらぎ町、九度山町、高野町、西牟婁郡白浜町、すさみ町、上富田町、東牟婁郡那智勝浦町、串本町）
　文化遺産（登録基準(ii)(iii)(iv)(vi)）　2004年／2016年
⑬ 知床
　北海道（斜里郡斜里町、目梨郡羅臼町）　自然遺産（登録基準(ix)(x)）　2005年
⑭ 石見銀山遺跡とその文化的景観
　島根県大田市　文化遺産（登録基準(ii)(iii)(v)）　2007年／2010年
⑮ 平泉-仏国土（浄土）を表す建築・庭園及び考古学的遺跡群
　岩手県西磐井郡平泉町　文化遺産（登録基準(ii)(vi)）　2011年
⑯ 小笠原諸島
　東京都小笠原村　自然遺産（登録基準(ix)）　2011年
⑰ 富士山-信仰の対象と芸術の源泉　静岡県／山梨県
　文化遺産（登録基準(iii)(vi)）　2013年
⑱ 富岡製糸場と絹産業遺産群
　群馬県（富岡市、藤岡市、伊勢崎市、下仁田町）　文化遺産（登録基準(ii)(iv)）　2014年
⑲ 明治日本の産業革命遺産：製鉄・製鋼、造船、石炭産業
　岩手県／静岡県／山口県／福岡県／佐賀県／長崎県／熊本県／鹿児島県
　文化遺産（登録基準(ii)(iv)）　2015年
⑳ ル・コルビュジエの建築作品-近代建築運動への顕著な貢献-
　フランス／スイス／ベルギー／ドイツ／インド／日本（東京都）／アルゼンチン
　文化遺産（登録基準(i)(ii)(vi)）　2016年

26 日本の世界遺産暫定リスト記載物件（今後の世界遺産候補地）

　世界遺産締約国は、世界遺産委員会から将来、世界遺産リストに登録する為の候補物件について、暫定リスト（Tentative List）の目録を提出することが求められている。
　わが国の暫定リスト記載物件は、次の10件である。

● 古都鎌倉の寺院・神社ほか　（神奈川県　1992年暫定リスト記載）
　　●「武家の古都・鎌倉」2013年5月、「不記載」勧告。→登録推薦書類「取り下げ」
● 彦根城　（滋賀県　1992年暫定リスト記載）
● 長崎の教会群とキリスト教関連遺産　（長崎県、熊本県　2007年暫定リスト記載）
　　→「長崎と天草地方の潜伏キリシタン関連遺産」2018年の第42回世界遺産委員会で審議予定
● 飛鳥・藤原-古代日本の宮都と遺跡群　（奈良県　2007年暫定リスト記載）
● 北海道・北東北の縄文遺跡群
　（北海道、青森県、秋田県、岩手県　2009年暫定リスト記載）
● 宗像・沖ノ島と関連遺産群　（福岡県　2009年暫定リスト記載）
　　→『神宿る島』宗像・沖ノ島と関連遺産群」2017年の第41回世界遺産委員会クラクフ会議で審議予定
● 百舌鳥・古市古墳群　（大阪府　2010年暫定リスト記載）
● 金を中心とする佐渡鉱山の遺産群　（新潟県　2010年暫定リスト記載）
● 平泉-仏国土（浄土）を表す建築・庭園及び考古学的遺跡群＜登録範囲の拡大＞
　（岩手県　2013年暫定リスト記載）
○ 奄美大島、徳之島、沖縄島北部及び西表島　（鹿児島県、沖縄県　2016年暫定リスト記載）
　　→2018年の第42回世界遺産委員会で審議予定

シンクタンクせとうち総合研究機構

27 ユネスコ世界遺産の今後の課題

- 「世界遺産リスト」への登録物件の厳選、精選、代表性、信用(信頼)性の確保。
- 世界遺産委員会へ諮問する専門機関(IUCNとICOMOS)の勧告と世界遺産委員会の決議との乖離の是正。
- 専門機関(IUCNとICOMOS)の評価の信用(信頼)性の向上。
- 同種、同類の登録物件の再編と統合。
  例示：イグアス国立公園(アルゼンチンとブラジル)
  　　　サンティアゴ・デ・コンポステーラへの巡礼道(スペインとフランス)
  　　　スンダルバンス国立公園(インド)とサンダーバンズ(バングラデシュ)
  　　　古代高句麗王国の首都群と古墳群(中国)と高句麗古墳群(北朝鮮)　など。
- 「世界遺産リスト」への登録物件の上限数の検討。
- 世界遺産の効果的な保護(Conservation)の確保。
- 世界遺産登録時の真正性(Authenticity)や完全性(Integrity)が損なわれた場合の世界遺産リストからの抹消。
- 類似物件、同一カテゴリーの物件との比較分析。→　暫定リストの充実
- 登録物件数の地域的不均衡(ヨーロッパ・北米偏重)の解消。
- 自然遺産と文化遺産の登録物件数の不均衡(文化遺産偏重)の解消。
- グローバル・ストラテジー(文化的景観、産業遺産、20世紀の建築等)の拡充。
- 「文化的景観」、「歴史的町並みと街区」、「運河に関わる遺産」、「遺産としての道」など、特殊な遺産の世界遺産リストへの登録。
- 危機にさらされている世界遺産(★【危機遺産】)への登録手続きの迅速化などの緊急措置。
- 実効ある監視強化メカニズム(Reinforced Monitoring Mechanism)の運用。
- 「気候変動が世界遺産に及ぼす影響」など地球環境問題への戦略的対応。
- 世界遺産条約締約国が、世界遺産条約の理念や本旨を遵守しない場合の制裁措置等の検討。
- 世界遺産条約をまだ締約していない国・地域(ソマリア、ブルンジ、東ティモール、ツバル、ナウル、リヒテンシュタイン)の条約締約の促進。
- 世界遺産条約を締約しているが、まだ世界遺産登録のない27か国(ブルンディ、アンゴラ、コモロ、ルワンダ、エリトリア、リベリア、シエラレオネ、スワジランド、ギニア・ビサウ、サントメ・プリンシペ、ジブチ、赤道ギニア、南スーダン、クウェート、モルジブ、ニウエ、サモア、ブータン、トンガ、クック諸島、ブルネイ、モナコ、ガイアナ、グレナダ、セントヴィンセントおよびグレナディーン諸島、トリニダード・トバコ、バハマ)からの最低1件以上の世界遺産登録の促進。
- 世界遺産条約を締約していない国・地域の世界遺産(なかでも★【危機遺産】)の取扱い。
- 世界遺産条約を締約しているが、まだ世界遺産暫定リストを作成していない国(赤道ギニア、リベリア、サントメ・プリンシペ、南スーダン、ブルネイ、クック諸島、ニウエ、モナコ)への作成の促進。
- 無形文化遺産保護条約との連携。
- 世界遺産から無形遺産も含めた地球遺産へ。
- 世界遺産基金の充実と世界銀行など国際金融機関との連携。
- 世界遺産を通じての国際交流と国際協力の促進。
- 世界遺産地の博物館、美術館、ビジターセンターなどの充実。
- 国連「世界遺産のための国際デー」(11月16日)の制定。

28 ユネスコ世界遺産を通じての総合学習

- 世界平和や地球環境の大切さ
- 世界遺産の鑑賞とその価値(歴史性、芸術性、文化性、景観上、保存上、学術上など)
- 地球の活動の歴史と生物多様性(地形・地質、生態系、自然景観、生物多様性など)
- 人類の功績、所業、教訓(遺跡、建造物群、モニュメントなど)
- 世界遺産の多様性(自然の多様性、文化の多様性)

- 世界遺産地の民族、言語、宗教、地理、歴史、伝統、文化
- 世界遺産の保護と地域社会の役割
- 世界遺産と人間の生活や生業との関わり
- 世界遺産を取り巻く脅威、危険、危機
- 世界遺産の保護・保全・保存の大切さ
- 世界遺産の利活用(教育、観光、地域づくり、まちづくり)
- 国際理解、異文化理解
- 世界遺産教育、世界遺産学習
- 広い視野に立って物事を考えることの大切さ
- 郷土愛、郷土を誇りに思う気持ちの大切さ
- 人と人とのつながりや絆の大切さ
- 地域遺産を守っていくことの大切さ
- ヘリティッジ・ツーリズム、カルチュラル・ツーリズム、エコ・ツーリズム

㉙ 今後の世界遺産委員会等の開催スケジュール

2017年7月2日~12日　　　第41回世界遺産委員会クラクフ会議(ポーランド)
　　　　　　　　　　　　　(審議対象物件:2016年2月1日までの登録申請分)

㉚ 世界遺産条約の将来

●世界遺産の6つの将来目標

　◎世界遺産の「顕著な普遍的価値」の維持
　◎信用性のある世界で最も顕著な文化・自然遺産の選定である世界遺産リスト
　◎現在と将来の環境的、社会的、経済的なニーズを考慮した遺産の保護と保全
　◎世界遺産のブランドの質の維持・向上
　◎世界遺産委員会の政策と戦略的重要事項の表明
　◎定例会合での決議事項の周知と効果的な履行

●世界遺産条約履行の為の戦略的行動計画　2012~2022

　◎信用性、代表性、均衡性のある「世界遺産リスト」の為のグローバル戦略の履行と
　　自発的な保全へ取組みとの連携(PACT=世界遺産パートナー・イニシアティブ)に関する
　　ユネスコの外部監査による独立的評価
　◎世界遺産の人材育成戦略
　◎災害危険の軽減戦略
　◎世界遺産地の気候変動のインパクトに関する政策
　◎下記のテーマに関する専門家グループ会合開催の推奨
　　○ 世界遺産の保全への取組み
　　○ 世界遺産条約の委員会等組織での意思決定の手続き
　　○ 世界遺産委員会での登録可否の検討に先立つ前段プロセス(早い段階での諮問機関の
　　　ICOMOSや**IUCN**の改善の対話等、アップストリーム・プロセスの明文化)の改善
　　○ 世界遺産条約における保全と持続可能な発展との関係

<出所>2011年第18回世界遺産条約締約国パリ総会での決議事項に拠る。

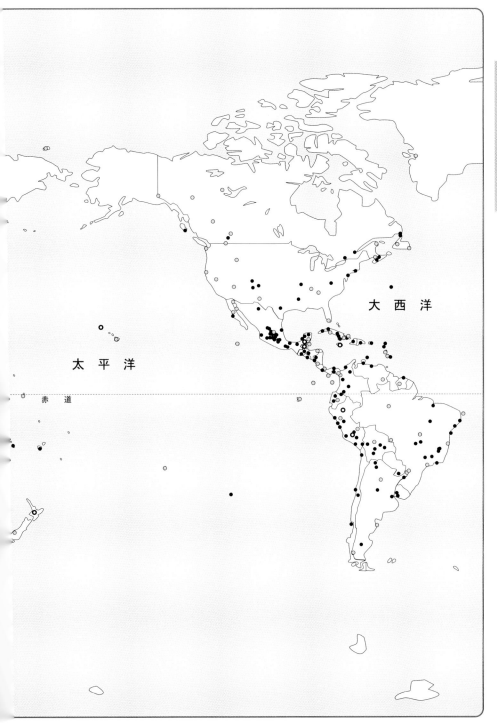

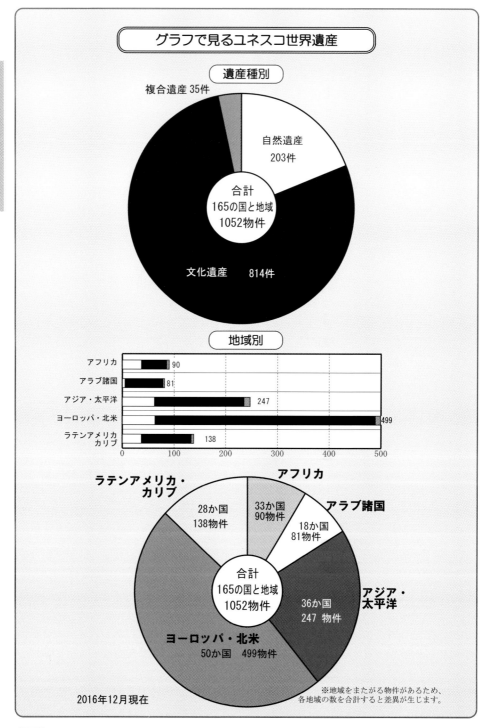

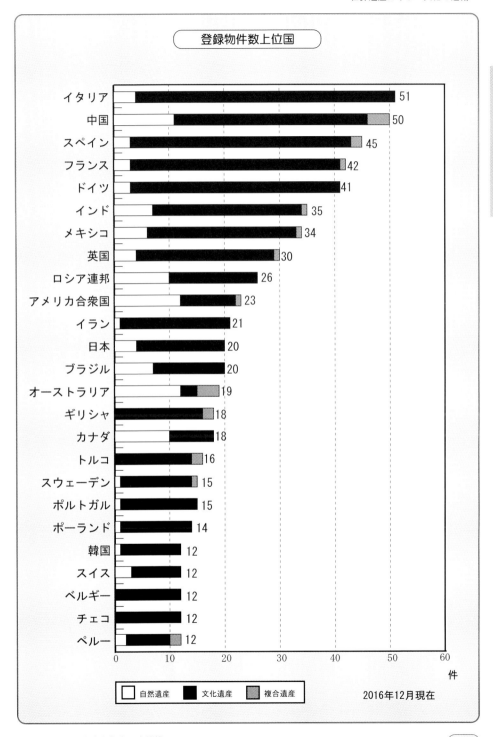

世界遺産ガイドー文化の道編ー

ユネスコ世界遺産の概要

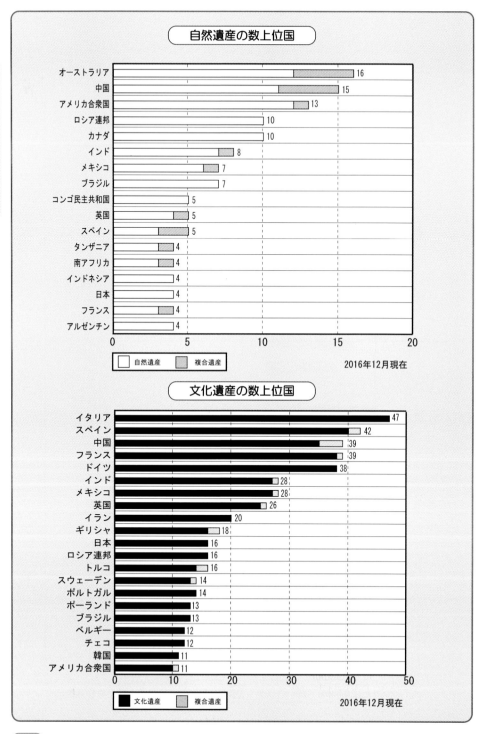

世界遺産ガイド―文化の道編―

ユネスコ世界遺産の概要

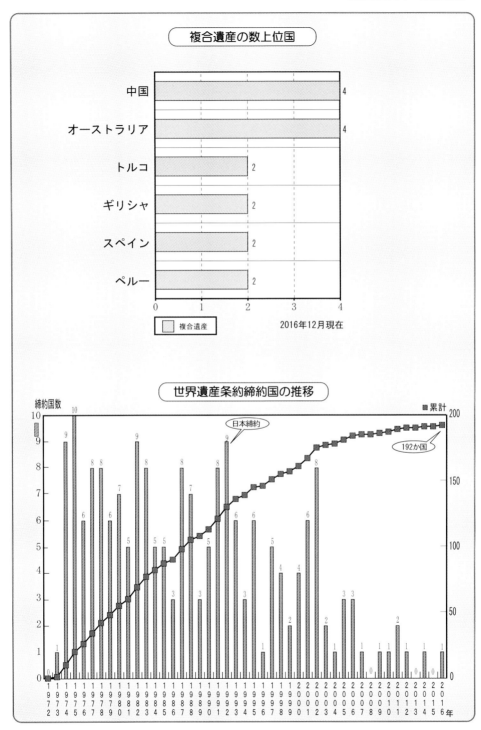

シンクタンクせとうち総合研究機構

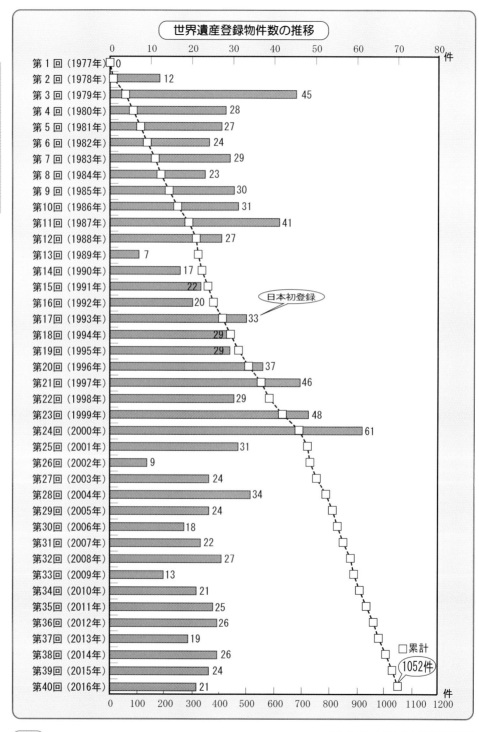

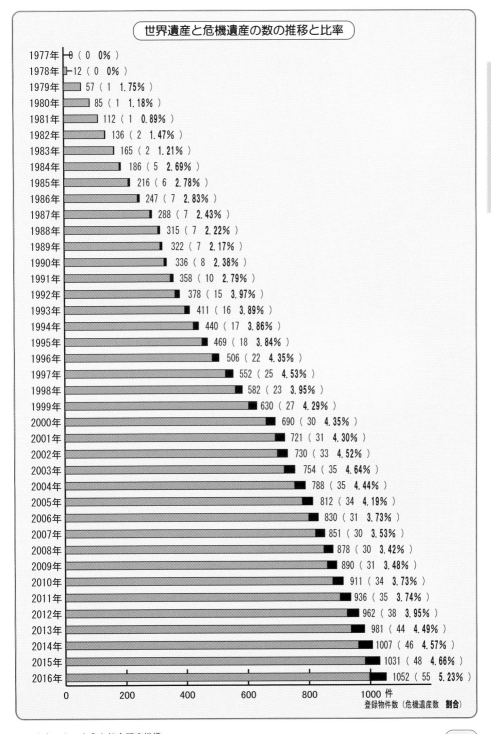

世界遺産委員会別登録物件数の内訳

回次	開催年	登録物件数 自然	登録物件数 文化	登録物件数 複合	合計	登録物件数（累計）自然	登録物件数（累計）文化	登録物件数（累計）複合	累計	備考
第1回	1977年	0	0	0	0	0	0	0	0	①オフリッド湖〈自然遺産〉
第2回	1978年	4	8	0	12	4	8	0	12	（マケドニア*1979年登録）
第3回	1979年	10	34	1	45	14	42	1	57	→文化遺産加わり複合遺産に *当時の国名はユーゴスラヴィア
第4回	1980年	6	23	0	29	19①	65	2①	86	②バージェス・シェル遺跡〈自然遺産〉
第5回	1981年	9	15	2	26	28	80	4	112	（カナダ1980年登録）
第6回	1982年	5	17	2	24	33	97	6	136	→「カナディアンロッキー山脈公園」として再登録。上記物件を統合
第7回	1983年	9	19	1	29	42	116	7	165	③グアラニー人のイエズス会伝道所
第8回	1984年	7	16	0	23	48	131	7	186	〈文化遺産〉（ブラジル1983年登録） →アルゼンチンにある物件が登録
第9回	1985年	4	25	1	30	52②	156③	8	216	され、1物件とみなされることに
第10回	1986年	8	23	0	31	60	179	8	247	④ウエストランド、マウント・クック国立公園〈自然遺産〉
第11回	1987年	8	32	1	41	68	211	9	288	フィヨルドランド国立公園〈自然遺産〉
第12回	1988年	5	19	3	27	73	230	12	315	（ニュージーランド1986年登録） →「テ・ワヒポナム」として再登録。
第13回	1989年	2	4	1	7	75	234	13	322	上記2物件を統合し1物件に
第14回	1990年	5	11	1	17	77	245	14	336	④タラマンカ地方・ラ・アミスタッド保護区群（自然遺産）
第15回	1991年	6	16	0	22	83④	261	14	358	（コスタリカ1983年登録）
第16回	1992年	4	16	0	20	86	277	15	378	→パナマのラ・アミスタッド国立公園を加え再登録。
第17回	1993年	4	29	0	33	89⑤	306	16⑤	411	上記物件を統合し1物件に
第18回	1994年	8	21	0	29	96⑥	327	17⑥	440	⑤リオ・アビセオ国立公園〈自然遺産〉
第19回	1995年	6	23	0	29	102⑦	350	17⑦	469	（ペルー） →文化遺産加わり複合遺産に
第20回	1996年	5	30	2	37	107	380	19	506	⑥トンガリロ国立公園〈自然遺産〉
第21回	1997年	7	38	1	46	114	418	20	552	（ニュージーランド） →文化遺産加わり複合遺産に
第22回	1998年	3	27	0	30	117	445	20	582	⑦ウルル・カタ・ジュタ国立公園〈自然遺産〉（オーストラリア）
第23回	1999年	11	35	2	48	128	480	22	630	→文化遺産加わり複合遺産に
第24回	2000年	10	50	1	61	138	529	23	690	⑧シャンボール城〈文化遺産〉
第25回	2001年	6	25	0	31	144	554⑧	23	721	（フランス1981年登録）
第26回	2002年	0	9	0	9	144	563	23	730	→「シュリー・シュルロワールとシャロンヌの間のロワール渓谷」として再登録。上記物件を統合
第27回	2003年	5	19	0	24	149	582	23	754	
第28回	2004年	5	29	0	34	154	611	23	788	
第29回	2005年	7	17	0	24	160	628	24	812	
第30回	2006年	2	16	0	18	162⑨	644	24⑨	830	⑨セント・キルダ〈自然遺産〉
第31回	2007年	5	16	1	22	166	660	25	851	（イギリス1986年登録） →文化遺産加わり複合遺産に
第32回	2008年	8	19	0	27	174⑩	679	25	878	⑩アラビアン・オリックス保護区〈自然遺産〉（オマーン1994年登録）
第33回	2009年	2	11	0	13	176	689	25	890	→登録抹消
第34回	2010年	5	15	1	21	180	704⑪	27	911	⑪ドレスデンのエルベ渓谷〈文化遺産〉（ドイツ2004年登録）
第35回	2011年	3	21	1	25	183⑫	725	28⑫	936	→登録抹消
第36回	2012年	5	20	1	26	188	745	29	962	⑫ンゴロンゴロ保全地域〈自然遺産〉（タンザニア1978年登録）
第37回	2013年	5	14	0	19	193	759	29	981	
第38回	2014年	4	21	1	26	197	779	31	1007	⑬カラクムルのマヤ都市〈文化遺産〉（メキシコ2002年登録）
第39回	2015年	0	23	1	24	197	802⑬	32⑬	1031	→自然遺産加わり複合遺産に
第40回	2016年	6	12	3	21	203	814	35	1052	

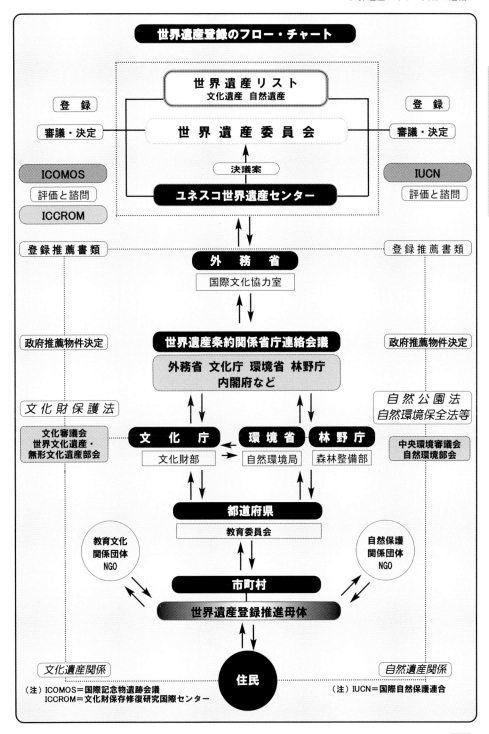

世界遺産ガイド―文化の道編―

ユネスコ世界遺産の概要

世界遺産の登録範囲

コア・ゾーン（推薦資産）

登録推薦資産を効果的に保護するために明確に設定された境界線。
境界線の設定は、資産の「顕著な普遍的価値」及び完全性及び真正性が十分に表現されることを保証するように行われなければならない。

_____ ha

日本の場合
- ●文化財保護法
  　国の史跡指定
  　国の重要文化的景観指定など
- ●自然公園法
  　国立公園、国定公園

バッファー・ゾーン（緩衝地帯）

推薦資産の効果的な保護を目的として、推薦資産を取り囲む地域に、法的または慣習的手法により補完的な利用・開発規制を敷くことにより設けられるもうひとつの保護の網。推薦資産の直接のセッティング（周辺の環境）、重要な景色やその他資産の保護を支える重要な機能をもつ地域または特性が含まれるべきである。

_____ ha

- ●景観条例
- ●環境保全条例

長期的な保存管理計画

登録推薦資産の現在及び未来にわたる効果的な保護を担保するために、各資産について、資産の「顕著な普遍的価値」をどのように保全すべきか（参加型手法を用いることが望ましい）について明示した適切な管理計画のこと。どのような管理体制が効果的かは、登録推薦資産のタイプ、特性、ニーズや当該資産が置かれた文化、自然面での文脈によっても異なる。管理体制の形は、文化的視点、その他の要因によって、様々な形式をとり得る。伝統的手法、既存の都市計画や地域計画の手法、その他の計画手法が使われることが考えられる。

- ●管理主体
- ●管理体制
- ●管理計画

- ●記録・保存・継承
- ●公開・活用（教育、観光、まちづくり）

- ●地域計画、都市計画
- ●協働のまちづくり

登録面積

複数国にまたがる物件の世界遺産登録と

顕著な普遍的価値（Outstandin

国家間の境界を超越し、人類全体にとって現代及び
傑出した文化的意義及び／又は自然的な価値を意
に保護することは国際社会全体にとって最高水準の

ローカル ⇨ リージョナル ⇨ ナショナル

トランスバウンダリー・シリ
（トランスナショナル・シリア

【事例1】
地理的に隣接し連続的に繋がっているもの

A国
自然環境
民族
宗教
言語
歴史文化
法律
社会システム

個別の管理計画

バッファー・ゾーン
コア・ゾーン

包括的な管理

他の類似物件との比
完全性
真正(真実)性

該当する登録基準
その根拠

「顕著な普遍的価

該当する登録基準
その根拠

真正(真実)性
完全性
他の類似物件との比

包括的な管理

【事例2】
地理的には、隣接はしていないが、
テーマが共通する同種、同類のもの

A国
自然環境
民族
宗教
言語
歴史文化
法律
社会システム

個別の管理計画

B国
自然環境
民族
宗教
言語
歴史文化
法律
社会システム

個別の管理計画

複数国にまたがる同一・同

自然遺産系：山岳、河川、湖沼、森林、海洋などの自然景
文化遺産系：歴史的な王国や帝国の古墳や要塞、信仰の道
複合遺産系：自然遺産系と文化遺産系の両方の特質を有す

42　　　　　　　　　　　　　　　　シンクタンクせとうち総合研究機構

世界遺産ガイド―文化の道編―

必要十分条件の証明

登録基準（クライテリア）

(i) 人類の創造的天才の傑作を表現するもの。
→ **人類の創造的天才の傑作**

(ii) ある期間を通じて、または、ある文化圏において、建築、技術、記念碑的芸術、町並み計画、景観デザインの発展に関し、人類の価値の重要な交流を示すもの。
→ **人類の価値の重要な交流を示すもの**

(iii) 現存する、または、消滅した文化的伝統、または、文明の、唯一の、または、少なくとも稀な証拠となるもの。
→ **文化的伝統、文明の稀な証拠**

(iv) 人類の歴史上重要な時代を例証するような、ある形式の建造物、建築物群、技術の集積、または、景観の顕著な例。
→ **歴史上、重要な時代を例証する優れた例**

(v) 特に、回復困難な変化の影響下で損傷されやすい状態にある場合における、ある文化（または、複数の文化）、或は、環境と人間との相互作用、を代表する伝統的集落、または、土地利用の顕著な例。
→ **存続が危ぶまれている伝統的集落、土地利用の際立つ例**

(vi) 顕著な普遍的な意義を有する出来事、現存する伝統、思想、信仰、または、芸術的、文学的作品と、直接に、または、明白に関連するもの。
→ **普遍的出来事、伝統、思想、信仰、芸術、文学的作品と関連するもの**

(vii) もっともすばらしい自然現象、または、ひときわすぐれた自然美をもつ地域、及び、美的な重要性を含むもの。→ **自然景観**

(viii) 地球の歴史上の主要な段階を示す顕著な見本であるもの。これには、生物の記録、地形の発達における重要な地学的進行過程、或は、重要な地形的、または、自然地理的特性などが含まれる。
→ **地形・地質**

(ix) 陸上、淡水、沿岸、及び、海洋生態系と動植物群集の進化と発達において、進行しつつある重要な生態学的、生物学的プロセスを示す顕著な見本であるもの。→ **生態系**

(x) 生物多様性の本来的な保全にとって、もっとも重要かつ意義深い自然生息地を含んでいるもの。これには、科学上、または、保全上の観点から、普遍的価値をもつ絶滅の恐れのある種が存在するものを含む。
→ **生物多様性**

※上記の登録基準(i)〜(x)のうち、一つ以上の登録基準を満たすと共に、それぞれの根拠の説明が必要。

真正（真実）性（オーセンティシティ）

文化遺産の種類、その文化的文脈によって一様ではないが、資産の文化的価値（上記の登録基準）が、下に示すような多様な属性における表現において真実かつ信用性を有する場合に、真正性の条件を満たしていると考えられる得る。
○形状、意匠
○材料、材質
○用途、機能
○伝統、技能、管理体制
○位置、セッティング（周辺の環境）
○言語その他の無形遺産
○精神、感性
○その他の内部要素、外部要素

完全性（インテグリティ）

自然遺産及び文化遺産とそれらの特質のすべてが無傷で包含されている度合を測るためのものさしである。従って、完全性の条件を調べるためには、当該資産が以下の条件をどの程度満たしているかを評価する必要がある。
a) 「顕著な普遍的価値」が発揮されるのに必要な要素（構成資産）がすべて含まれているか。
b) 当該物件の重要性を示す特徴を不足なく代表するために適切な大きさが確保されているか。
c) 開発及び管理放棄による負の影響を受けていないか。

他の類似物件との比較

当該物件を、国内外の類似の世界遺産、その他の物件と比較した比較分析を行わなければならない。比較分析では、当該物件の国内での重要性及び国際的な重要性について説明しなければならない。

Ⓒ 世界遺産総合研究所

世界遺産を取り巻く脅威や危険

地

自然災害：砂漠化、雪害、ひょう災、地震、酸性雨、結露、落雷、津波、地滑り、雷雨、竜巻、噴火、陥没、地球温暖化、洪水、干ばつ、浸食、水害、塩害、風化、オゾン層の破壊、火災、劣化、外来種の侵入

世界遺産（中心）：過疎化、高齢化、少子化、後継者難、不況、技術者不足、財政難、修復材料不足、観光地化

人為災害：戦争、内戦、武力紛争、暴動、過剰放牧、観光、森林の減少・劣化、盗難、盗掘、森林伐採、都市開発、難民流入、鉱山開発、地域開発、不法侵入、道路建設、観光開発、海洋環境の劣化、狩猟、密猟、人口増加、ゴミ、堤防建設、し尿、農地拡大、ダム建設、都市化、有害廃棄物の越境移動、生物多様性の減少

環 — **境** — **球**

世界遺産を取巻く脅威、危険、危機の因子

- **固有危険** 風化、劣化など
- **自然災害** 地震、津波、地滑り、火山の噴火など
- **人為災害** タバコの不始末等による火災、無秩序な開発行為など
- **地球環境問題** 地球温暖化、砂漠化、酸性雨、海洋環境の劣化など
- **社会環境の変化** 過疎化、高齢化、後継者難、観光地化など

世界遺産を取巻く脅威、危険、危機の状況

- **確認危険** 遺産が特定の確認された差し迫った危険に直面している状況
- **潜在危険** 遺産固有の特徴に有害な影響を与えかねない脅威に直面している状況

確認危険と潜在危険

危険種別 \ 遺産種別	文化遺産	自然遺産
確認危険 Ascertained Danger	● 材質の重大な損壊 ● 構造、或は、装飾的な特徴 ● 建築、或は、都市計画の統一性 ● 歴史的な真正性 ● 文化的な定義	● 病気、密猟、密漁 ● 大規模開発、産業開発採掘、汚染、森林伐採 ● 境界や上流地域への人間の侵入
潜在危険 Potential Danger	● 遺産の法的地位 ● 保護政策 ● 地域開発計画 ● 都市開発計画 ● 武力紛争 ● 地質、気象、その他の環境的要因	● 指定地域の法的な保護状況 ● 再移転計画、或は開発事業 ● 武力紛争 ● 保護管理計画

危機にさらされている世界遺産

ユネスコ世界遺産の概要

	物件名	国名	危機遺産登録年	登録された主な理由
1	●エルサレム旧市街と城壁	ヨルダン推薦物件	1982年	民族紛争
2	●チャン・チャン遺跡地域	ペルー	1986年	風雨による侵食・崩壊
3	○ニンバ山厳正自然保護区	ギニア/コートジボワール	1992年	鉄鉱山開発、難民流入
4	○アイルとテネレの自然保護区	ニジェール	1992年	武力紛争、内戦
5	○ヴィルンガ国立公園	コンゴ民主共和国	1994年	地域紛争、密猟
6	○ガランバ国立公園	コンゴ民主共和国	1996年	密猟、内戦、森林破壊
7	○シミエン国立公園	エチオピア	1996年	密猟、人口増加、農地拡張
8	○オカピ野生動物保護区	コンゴ民主共和国	1997年	武力紛争、森林伐採、密猟
9	○カフジ・ビエガ国立公園	コンゴ民主共和国	1997年	密猟、難民流入、農地開拓
10	○マノボ・グンダ・サンフローリス国立公園	中央アフリカ	1997年	密猟
11	○サロンガ国立公園	コンゴ民主共和国	1999年	密猟、都市化
12	●ザビドの歴史都市	イエメン	2000年	都市化、劣化
13	●アブ・ミナ	エジプト	2001年	土地改良による溢水
14	●ジャムのミナレットと考古学遺跡	アフガニスタン	2002年	戦乱による損傷、浸水
15	●バーミヤン盆地の文化的景観と考古学遺跡	アフガニスタン	2003年	崩壊、劣化、盗窟など
16	●アッシュル（カルア・シルカ）	イラク	2003年	ダム建設、保護管理措置欠如
17	○コモエ国立公園	コートジボワール	2003年	密猟、大規模牧畜、管理不在
18	●ハンバーストーンとサンタ・ラウラの硝石工場群	チリ	2005年	構造上の脆弱性、地震
19	●コロとその港	ヴェネズエラ	2005年	豪雨による損壊
20	●コソヴォの中世の記念物群	セルビア	2006年	政治的不安定による管理と保存の困難
21	○ニオコロ・コバ国立公園	セネガル	2007年	密猟、ダム建設計画
22	●サーマッラの考古学都市	イラク	2007年	宗派対立
23	○ベリーズ珊瑚礁保護区	ベリーズ	2009年	マングローブの伐採、過度の開発
24	●バグラチ大聖堂とゲラチ修道院	ジョージア	2010年	バグラチ大聖堂再建プロジェクト履行による開発圧力
25	●カスビのブガンダ王族の墓	ウガンダ	2010年	2010年3月の火災による焼失
26	○アツィナナナの雨林群	マダガスカル	2010年	違法な伐採、キツネザルの狩猟の横行
27	○エバーグレーズ国立公園	アメリカ合衆国	2010年	水界生態系の劣化の継続、富栄養化
28	○スマトラの熱帯雨林遺産	インドネシア	2011年	密猟、違法伐採など
29	○リオ・プラターノ生物圏保護区	ホンジュラス	2011年	違法伐採、密漁、不法占拠、密猟など

	物件名	国名	危機遺産登録年	登録された主な理由
30	●トゥンブクトゥー	マリ	2012年	武装勢力による破壊行為
31	●アスキアの墓	マリ	2012年	武装勢力による破壊行為
32	●イエスの生誕地：ベツレヘムの聖誕教会と巡礼の道	パレスチナ	2012年	民族紛争、宗教紛争
33	●リヴァプール−海商都市	英国	2012年	大規模な水域再開発計画
34	●パナマのカリブ海沿岸のポルトベロ−サン・ロレンソの要塞群	パナマ	2012年	風化や劣化、維持管理の欠如など
35	○イースト・レンネル	ソロモン諸島	2013年	森林の伐採
36	●古代都市ダマスカス	シリア	2013年	国内紛争の激化
37	●古代都市ボスラ	シリア	2013年	国内紛争の激化
38	●パルミラの遺跡	シリア	2013年	国内紛争の激化
39	●古代都市アレッポ	シリア	2013年	国内紛争の激化
40	●シュバリエ城とサラ・ディーン城塞	シリア	2013年	国内紛争の激化
41	●シリア北部の古村群	シリア	2013年	国内紛争の激化
42	○セルース動物保護区	タンザニア	2014年	見境ない密猟
43	●ポトシ市街	ボリヴィア	2014年	経年劣化による鉱山崩壊の危機
44	●オリーブとワインの地パレスチナ -エルサレム南部のバティール村の文化的景観	パレスチナ	2014年	分離壁の建設による文化的景観の損失の懸念
45	●ハトラ	イラク	2015年	過激派組織「イスラム国」による破壊、損壊
46	●サナアの旧市街	イエメン	2015年	ハディ政権とイスラム教シーア派との戦闘激化、空爆による遺産の損傷
47	●シバーム城塞都市	イエメン	2015年	ハディ政権とイスラム教シーア派との戦闘激化との潜在危険
48	●ジェンネの旧市街	マリ	2016年	不安定な治安情勢、風化や劣化、都市化、浸食
49	●キレーネの考古学遺跡	リビア	2016年	カダフィ政権崩壊後の国内紛争の激化
50	●レプティス・マグナの考古学遺跡	リビア	2016年	カダフィ政権崩壊後の国内紛争の激化
51	●サブラタの考古学遺跡	リビア	2016年	カダフィ政権崩壊後の国内紛争の激化
52	●タドラート・アカクスの岩絵	リビア	2016年	カダフィ政権崩壊後の国内紛争の激化
53	●ガダミースの旧市街	リビア	2016年	カダフィ政権崩壊後の国内紛争の激化
54	●シャフリサーブスの歴史地区	ウズベキスタン	2016年	ホテルなどの観光インフラの過度の開発、都市景観の変化
55	●ナン・マドール：東ミクロネシアの祭祀センター	ミクロネシア	2016年	マングローブなどの繁茂や遺跡の崩壊

○自然遺産　18 物件　　●文化遺産　37 物件　　　　　　　　2016年12月現在

ユネスコ世界遺産の概要

世界遺産ガイド—文化の道編—

ユネスコ世界遺産の概要

危機にさらされている世界遺産分布図

物 件 名	国 名	危機遺産登録年
①エルサレム旧市街と城壁	ヨルダン推薦物件	1982年
②チャン・チャン遺跡地域	ペルー	1986年
③ニンバ山厳正自然保護区	ギニア/コートジボワール	1992年
④アイルとテネレの自然保護区	ニジェール	1992年
⑤ヴィルンガ国立公園	コンゴ民主共和国	1994年
⑥ガランバ国立公園	コンゴ民主共和国	1996年
⑦シミエン国立公園	エチオピア	1996年
⑧オカピ野生動物保護区	コンゴ民主共和国	1997年
⑨カフジ・ビエガ国立公園	コンゴ民主共和国	1997年
⑩マノボ・グンダ・サンフローリス国立公園	中央アフリカ	1997年
⑪サロンガ国立公園	コンゴ民主共和国	1999年
⑫ザビドの歴史都市	イエメン	2000年
⑬アブ・ミナ	エジプト	2001年
⑭ジャムのミナレットと考古学遺跡	アフガニスタン	2002年
⑮バーミヤン盆地の文化的景観と考古学遺跡	アフガニスタン	2003年
⑯アッシュル（カルア・シルカ）	イラク	2003年
⑰コモエ国立公園	コートジボワール	2003年
⑱ハンバーストーンとサンタ・ラウラの硝石工場群	チリ	2005年
⑲コロとその港	ヴェネズエラ	2005年
⑳コソヴォの中世の記念物群	セルビア	2006年
㉑ニオコロ・コバ国立公園	セネガル	2007年
㉒サーマッラの考古学都市	イラク	2007年
㉓ベリーズ珊瑚礁保護区	ベリーズ	2009年
㉔バグラチ大聖堂とゲラチ修道院	ジョージア	2010年
㉕カスビのブガンダ王族の墓	ウガンダ	2010年
㉖アツィナナナの雨林群	マダガスカル	2010年
㉗エバーグレーズ国立公園	アメリカ合衆国	2010年
㉘スマトラの熱帯雨林遺産	インドネシア	2011年
㉙リオ・プラターノ生物圏保護区	ホンジュラス	2011年

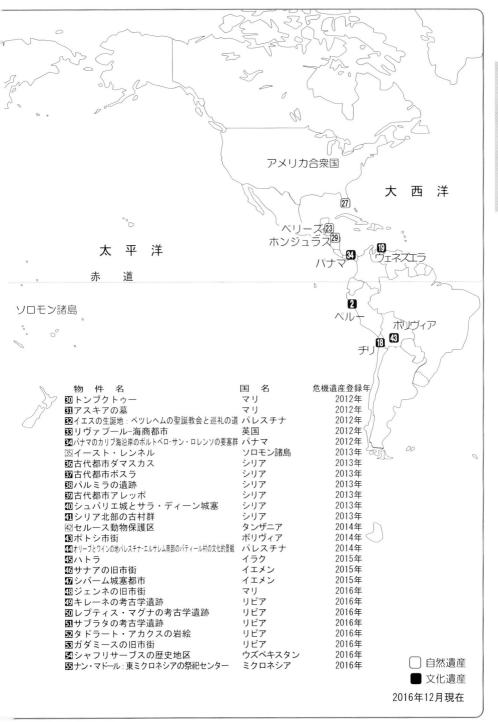

世界遺産ガイドー文化の道編ー

ユネスコ世界遺産の概要

物件名	国名	危機遺産登録年
30 トンブクトゥー	マリ	2012年
31 アスキアの墓	マリ	2012年
32 イエスの生誕地：ベツレヘムの聖誕教会と巡礼の道	パレスチナ	2012年
33 リヴァプール-海商都市	英国	2012年
34 パナマのカリブ海沿岸のポルトベロ・サン・ロレンソの要塞群	パナマ	2012年
35 イースト・レンネル	ソロモン諸島	2013年
36 古代都市ダマスカス	シリア	2013年
37 古代都市ボスラ	シリア	2013年
38 パルミラの遺跡	シリア	2013年
39 古代都市アレッポ	シリア	2013年
40 シュバリエ城とサラ・ディーン城塞	シリア	2013年
41 シリア北部の古村群	シリア	2013年
42 セルース動物保護区	タンザニア	2014年
43 ポトシ市街	ボリヴィア	2014年
44 オリーブとワインの地パレスチナ-エルサレム南部のバティール村の文化的景観	パレスチナ	2014年
45 ハトラ	イラク	2015年
46 サナアの旧市街	イエメン	2015年
47 シバーム城塞都市	イエメン	2015年
48 ジェンネの旧市街	マリ	2016年
49 キレーネの考古学遺跡	リビア	2016年
50 レプティス・マグナの考古学遺跡	リビア	2016年
51 サブラタの考古学遺跡	リビア	2016年
52 タドラート・アカクスの岩絵	リビア	2016年
53 ガダミースの旧市街	リビア	2016年
54 シャフリサーブスの歴史地区	ウズベキスタン	2016年
55 ナン・マドール：東ミクロネシアの祭祀センター	ミクロネシア	2016年

○ 自然遺産
● 文化遺産

2016年12月現在

シンクタンクせとうち総合研究機構

危機遺産の登録、解除、抹消の推移表

登録(解除)年	登録物件	解除物件
1979年	★コトルの自然・文化-歴史地域	
1982年	★エルサレム旧市街と城壁	
1984年	☆ンゴロンゴロ保全地域 ☆ジュジ国立鳥類保護区 ☆ガランバ国立公園	
1985年	★アボメイの王宮	
1986年	★チャン・チャン遺跡地域	
1988年	★バフラ城塞	○ジュジ国立鳥類保護区
1989年	★ヴィエリチカ塩坑	○ンゴロンゴロ保全地域
1990年	★トンブクトゥー	
1991年	☆プリトヴィチェ湖群国立公園 ★ドブロブニクの旧市街	
1992年	☆ニンバ山厳正自然保護区 ☆アイルとテネレの自然保護区 ☆マナス野生動物保護区 ☆サンガイ国立公園 ☆スレバルナ自然保護区 ★アンコール	○ガランバ国立公園
1993年	☆エバーグレーズ国立公園	
1994年	☆ヴィルンガ国立公園	
1995年	☆イエロー・ストーン	
1996年	☆リオ・プラターノ生物圏保護区 ☆イシュケウル国立公園 ☆ガランバ国立公園 ☆シミエン国立公園	
1997年	☆オカピ野生動物保護区 ☆カフジ・ビエガ国立公園 ☆マノボ・グンダ・サンフローリス国立公園 ★ブトリント	○プリトヴィチェ湖群国立公園
1998年		●ドブロブニクの旧市街 ●ヴィエリチカ塩坑
1999年	☆ルウェンゾリ山地国立公園 ☆サロンガ国立公園 ☆イグアス国立公園 ★ハンピの建造物群	
2000年	☆ジュジ国立鳥類保護区 ★ザビドの歴史都市	
2001年	★ラホールの城塞とシャリマール庭園 ★フィリピンのコルディリェラ山脈の棚田 ★アブ・ミナ	○イグアス国立公園
2002年	★ジャムのミナレットと考古学遺跡 ★ティパサ	
2003年	☆コモエ国立公園 ★バーミヤン盆地の文化的景観と考古学遺跡 ★アッシュル（カルア・シルカ） ★シルヴァンシャーの宮殿と乙女の塔がある城塞都市バクー ★カトマンズ渓谷	○スレバルナ自然保護区 ○イエロー・ストーン ●コトルの自然・文化-歴史地域
2004年	★バムの文化的景観 ★ケルン大聖堂 ★キルワ・キシワーニとソンゴ・ムナラの遺跡	○ルウェンゾリ山地国立公園 ●アンコール ●バフラ城塞

登録(解除)年	登録物件	解除物件
2005年	★ハンバーストーンとサンタ・ラウラの硝石工場 ★コロとその港	○サンガイ国立公園 ●トンブクトゥー ●ブトリント
2006年	★ドレスデンのエルベ渓谷 ★コソヴォの中世の記念物群	○ジュジ国立鳥類保護区 ○イシュケウル国立公園 ●ティパサ ●ハンピの建造物群 ●ケルン大聖堂
2007年	☆ガラパゴス諸島 ☆ニオコロ・コバ国立公園 ★サーマッラの考古学都市	○エバーグレーズ国立公園 ○リオ・プラターノ生物圏保護区 ●アボメイの王宮 ●カトマンズ渓谷
2009年	☆ベリーズ珊瑚礁保護区 ☆ロス・カティオス国立公園 ★ムツヘータの歴史的建造物群 =ドレスデンのエルベ渓谷=（登録抹消）	●シルヴァンシャーの宮殿と 　乙女の塔がある城塞都市バクー
2010年	☆アツィナナナの雨林群 ☆エバーグレーズ国立公園 ★バグラチ大聖堂とゲラチ修道院 ★カスビのブガンダ王族の墓	○ガラパゴス諸島
2011年	☆スマトラの熱帯雨林遺産 ☆リオ・プラターノ生物圏保護区	○マナス野生動物保護区
2012年	★トンブクトゥー ★アスキアの墓 ★イエスの生誕地：ベツレヘムの聖誕教会と 　巡礼の道 ★リヴァプール-海商都市 ★パナマのカリブ海沿岸のポルトベロ- 　サン・ロレンソの要塞群	●ラホールの城塞とシャリマール 　庭園 ●フィリピンのコルディリェラ 　山脈の棚田群
2013年	☆イースト・レンネル ★古代都市ダマスカス ★古代都市ボスラ ★パルミラの遺跡 ★古代都市アレッポ ★シュバリエ城とサラ・ディーン城塞 ★シリア北部の古村群	●バムとその文化的景観
2014年	☆セルース動物保護区 ★ポトシ市街 ★オリーブとワインの地パレスチナ – 　エルサレム南部のバティール村の文化的景観	●キルワ・キシワーニと 　ソンゴ・ムナラの遺跡
2015年	★ハトラ ★サナアの旧市街 ★シバーム城塞都市	○ロス・カティオス国立公園
2016年	★ジェンネの旧市街 ★キレーネの考古学遺跡 ★レプティス・マグナの考古学遺跡 ★サブラタの考古学遺跡 ★タドラート・アカクスの岩絵 ★ガダミースの旧市街 ★シャフリサーブスの歴史地区 ★ナン・マドール：東ミクロネシアの祭祀センター	●ムツヘータの歴史的建造物群

★ 危機遺産に登録された文化遺産　　●　危機遺産から解除された文化遺産
☆ 危機遺産に登録された自然遺産　　○　危機遺産から解除された自然遺産

2016年12月現在

※ 世界遺産、世界無形文化遺産、世界の記憶の違い

	世界遺産	世界無形文化遺産	世界の記憶
準拠	世界の文化遺産および自然遺産の保護に関する条約（略称：世界遺産条約）	無形文化遺産の保護に関する条約（略称：無形文化遺産保護条約）	メモリー・オブ・ザ・ワールド・プログラム（略称：MOW）
採択・開始	1972年	2003年	1992年
目的	かけがえのない遺産をあらゆる脅威や危険から守る為に、その重要性を広く世界に呼びかけ、保護・保全の為の国際協力を推進する。	グローバル化により失われつつある多様な文化を守るため、無形文化遺産尊重の意識を向上させ、その保護に関する国際協力を促進する。	人類の歴史的な文書や記録など、忘却してはならない貴重な記録遺産を登録し、最新のデジタル技術などで保存し、広く公開する。
対象	有形の不動産（文化遺産、自然遺産）	文化の表現形態 ・口承及び表現 ・芸能 ・社会的慣習、儀式及び祭礼行事 ・自然及び万物に関する知識及び慣習 ・伝統工芸技術	・文書類（手稿、写本、書籍等） ・非文書類（映画、音楽、地図等） ・視聴覚類（映画、写真、ディスク等） ・その他　記念碑、碑文など
登録申請	各締約国（192か国） 2016年12月現在	各締約国（170か国） 2016年12月現在	国、地方自治体、団体、個人など
審議機関	世界遺産委員会（委員国21か国）	無形文化遺産委員会（委員国24か国）	ユネスコ事務局長　↑　国際諮問委員会
審査評価機関	NGOの専門機関（ICOMOS, ICCROM, IUCN） 現地調査と書類審査	無形文化遺産委員会の補助機関 24か国の委員国の中から選出された6か国で構成 諮問機関 6つのNGOと6人の専門家で構成	国際諮問委員会の補助機関　登録分科会 専門機関 （IFLA, ICA, ICAAA, ICOM などのNGO）
リスト	世界遺産リスト　（1052件）	人類の無形文化遺産の代表的なリスト（略称：代表リスト）（336件）	世界の記憶リスト（348件）
登録基準	必要条件：10の基準のうち、1つ以上を完全に満たすこと。	必要条件：5つの基準を全て満たすこと。	必要条件：5つの基準のうち、1つ以上の世界的な重要性を満たすこと。
危機リスト	危機にさらされている世界遺産リスト（略称：危機遺産リスト）（55件）	緊急に保護する必要がある無形文化遺産のリスト（略称：緊急保護リスト）（43件）	－
基金	世界遺産基金	無形文化遺産保護基金	世界の記憶基金
事務局	ユネスコ世界遺産センター	ユネスコ文化局無形遺産課	ユネスコ情報・コミュニケーション局知識社会部ユニバーサルアクセス・保存課
指針	オペレーショナル・ガイドラインズ（世界遺産条約履行の為の作業指針）	オペレーショナル・ディレクティブス（無形文化遺産保護条約履行の為の運用指示書）	ジェネラル・ガイドラインズ（記録遺産保護の為の一般指針）
日本の窓口	外務省、文化庁記念物課　環境省、林野庁	外務省、文化庁伝統文化課	文部科学省　日本ユネスコ国内委員会
備考	顕著な普遍的価値	文化の多様性と人類の創造性	人類の歴史的な文書や記録

文化の道　概要

Silk Roads: the Routes Network of Tianshan Corridor
（シルクロード:長安・天山回廊の道路網）
文化遺産　登録基準(i) (ii) (vi)　2014年登録

中国／カザフスタン／キルギス
写真：トルファン交河故城（中国）

文化の道

　「道」、或は、文化的街道の概念は、1994年11月24日〜25日、スペインの首都マドリッドで開催された「文化遺産の一部分としての道」に関する専門家会合で議論された。

　2008年10月、カナダのケベックで開催されたイコモスの第16回総会と学術シンポジウムで、「文化の道に関するイコモス憲章」(The ICOMOS Charter on Cultural Routes)が採択され、文化財のカテゴリーの一つとしての「文化の道」(Cultural Routes)の基本原則と方法論が明確に定義された。そして、翌2009年にスペインで開催された第33回世界遺産委員会セビリア会議で「文化の道」の概念が採択された。

　世界遺産において「道」に関する文化遺産の登録の推進と、道を介して行われた文化の循環の研究を行うことで、文化摩擦を減らすように啓蒙することを目的としている。

　世界遺産委員会が「文化の道」を採択したことにより、欧州評議会(Council of Europe)は、「欧州文化の道」(European Cultural Route)を制定した。

　文化の道とは、人間が往来し、人間が交流した長い人類の歴史のなかでの信仰、交易、運河、水路、鉄道などの道である。文化の道は、その途上に残った遺跡、建造物群、モニュメントなどと共に、果たした役割は大きい。

　文化の道は、有形の不動産としての道のみならず、道が与えた無形の影響についても顕彰する。

　世界遺産委員会は、ある特種な文化遺産及び自然遺産を認定し、定義してきており、世界遺産リストに記載する際の資産の評価を助ける特定の指針を採用、追加の可能性はあるものの、これまで、「文化的景観」(Cultural Landscapes)、「歴史的町並みと街区」(Historic Towns and Town Centres)、「運河に係る遺産」(Heritage Canals)、「遺産としての道」(Heritage Route)の4つの分野を扱っている。

これらのうち、「遺産としての道」は、
〇「遺産としての道」の概念は、豊かで創造力に富むものであり、相互理解、歴史への複合的なアプローチ、平和の文化がすべて作用する特別な枠組みを提供する。
〇「遺産としての道」は、有形の資産により構成されており、国や地域を越えた交流や多面的な対話をもたらすことから文化的に重要であり、道に沿って展開される空間的、時間的な移動の相互作用を例証している。

「遺産としての道」の世界遺産リストへの登録は、
〇「遺産としての道」の世界遺産リストへの登録においては、以下に示す観点が検討されるべきである。
（ⅰ）　顕著な普遍的価値を保持している。
（ⅱ）　「遺産としての道」の概念は、
〇移動の活動力とやり取りの観念が、時間的にも空間的にも継続していることに基づき、
〇道を構成している単なる集合を超越する価値を有し、その道が獲得している文化的重要性を通じて、総体を包括し、
〇国家間若しくは地域間のやり取りと対話に焦点を当て、
〇発展することで宗教的、商業的、行政的その他の初期の目的に追加された異なる諸側面によって、多次元的である。
（ⅲ）　「遺産としての道」は、「文化的景観」の特殊で動的なタイプとして認識されうるものである。
（ⅳ）　「遺産としての道」の特定は、道そのものの重要性を証明する強固さと物的諸要素の集積による。
（ⅴ）　真正性の状態に関する判断はその道の地面の状態と「遺産としての道」を構成するその他の諸要素に適用されるべきである。その場合、道の区間のほか、今日においてどれほど利用されているかと同時に、その影響下にある人々の発展に対する妥当な願いに留意することとする。

　尚、これらの観点においては、道を取り巻く自然環境の枠組み及び無形的及び象徴的な次元をも留意することとする。

　一方、「運河に係る遺産」は、ひとつの運河は、人間が巧みに計画したひとつの水路である。本質的にあるい

はこの種の文化遺産を代表する例外的な事例として、歴史的又は技術的観点から「顕著な普遍的価値」を持ち得る。このような意味での運河は、記念碑的な作品、線状に延びる「文化的景観」のうちの特例、あるいは複合的な「文化的景観」の統合された構成要素として理解される。

　「運河に係る遺産」の世界遺産リストへの登録は、「運河に係る遺産」の重要性については、「技術」、「経済」、「社会」及び「景観」の観点に基づき検討されうる。

　本書では、巡礼道、シルクロード、運河、水路、鉄道など、世界遺産に登録されている「文化の道」を特集する。

①信仰の道
- ●サンティアゴ・デ・コンポステーラへの巡礼道：フランス人の道とスペイン北部の巡礼路群（スペイン）1985年／2015年登録
- ●サンティアゴ・デ・コンポステーラへの巡礼道（フランス側）（フランス）1998年登録
- ●紀伊山地の霊場と参詣道（日本）2004年登録
- ●富士山-信仰の対象と芸術の源泉（日本）2013年登録

②交易の道
- ●フランキンセンスの地（オマーン）2000年登録
- ●ウマワカの渓谷（アルゼンチン）2003年登録
- ●香料の道 - ネゲヴの砂漠都市群（イスラエル）2005年登録
- ●石見銀山遺跡とその文化的景観（日本）2007年／2010年登録
- ●カミノ・レアル・デ・ティエラ・アデントロ（メキシコ）2010年登録
- ●水銀の遺産、アルマデン鉱山とイドリヤ鉱山（スペイン／スロヴェニア）2012年登録
- ●シルクロード：長安・天山回廊の道路網（中国／カザフスタン／キルギス）2014年登録
- ●カパック・ニャン、アンデス山脈の道路網
（ペルー／ボリヴィア／エクアドル／チリ／アルゼンチン／コロンビア）2014年登録

③運河、水路
- ●ポン・デュ・ガール（ローマ水道）（フランス）1985年／2007年登録
- ●ミディ運河（フランス）1996年登録
- ●ルヴィエールとルルー（エノー州）にあるサントル運河の4つの閘門と周辺環境（ベルギー）1998年登録
- ●リドー運河（カナダ）2007年登録
- ●ポントカサステ水路橋と運河（英国）2009年登録
- ●アムステルダムのシンゲル運河の内側にある17世紀の環状運河地域（オランダ）2010年登録
- ●大運河（中国）2014年登録
- ●テンブレケ神父の水道橋の水利システム（メキシコ）2015年登録

④鉄道
- ●センメリング鉄道（オーストリア）1998年登録
- ●インドの山岳鉄道群（インド）1999年／2005年／2008年登録
- ●レーティッシュ鉄道アルブラ線とベルニナ線の景観群（スイス／イタリア）2008年登録

などが該当する。

　「文化の道」で、今後、世界遺産や世界記憶遺産への登録が期待されるのは、
- ●シルクロード：ペンジケント-サマルカンド、ポイケント回廊（タジキスタン／ウズベキスタン）
- ●アウグストゥフ運河（ベラルーシ／ポーランド）
- ●フランシスコ修道会の伝道の道（グアテマラ）
- ●パラチーの金の道と景観（ブラジル）
- ●グレート・ウェスタン鉄道（英国）
- ●セルダーニ鉄道（フランス）
- ●シルクロード：海の道（中国／日本）
- ●朝鮮通信使（韓国／日本）
- ●四国八十八箇所遍路道（日本）

などがある。

香料の道−ネゲヴの砂漠都市群
（イスラエル）
2005年登録　登録基準 (iii) (v)

水銀の遺産、アルマデン鉱山とイドリャ鉱山
（スペイン／スロヴェニア）
2012年登録　登録基準 (ii) (iv)
（写真）スペイン・アルマデンの旧鉱山勤労者病院

シルクロード：長安・天山回廊の道路網
（中国／カザフスタン／キルギス）
2014年登録　登録基準 (ii) (iii) (v) (vi)
（写真）中国陝西省西安市にある大雁塔と三蔵法師像

世界遺産ガイド―文化の道編―

リドー運河（カナダ）
2007年登録
登録基準 (i)(iv)

ポントカサステ水路橋と運河（英国）
2009年登録
登録基準 (i)(ii)(iv)

レーティッシュ鉄道アルブラ線とベルニナ線の景観群
（イタリア／スイス）
2008年登録　登録基準 (ii)(iv)
（写真）ベルニナ線ブルージオのループ橋

信仰の道

Routes of Santiago de Compostela: Camino Frances and Routes of Northern Spain
（サンティアゴ・デ・コンポステーラへの巡礼道：フランス人の道とスペイン北部の巡礼路群）
1993年／2015年登録
文化遺産　登録基準(ii)(iv)(vi)　スペイン

写真：ゴゾの丘

サンティアゴ・デ・コンポステーラへの巡礼道：フランス人の道とスペイン北部の巡礼路群

登録遺産名	Routes of Santiago de Compostela: Camino Frances and Routes of Northern Spain
遺産種別	文化遺産
登録基準	(ii) ある期間を通じて、または、ある文化圏において、建築、技術、記念碑的芸術、町並み計画、景観デザインの発展に関し、人類の価値の重要な交流を示すもの。 (iv) 人類の歴史上重要な時代を例証する、ある形式の建造物、建築物群、技術の集積、または、景観の顕著な例。 (vi) 顕著な普遍的な意義を有する出来事、現存する伝統、思想、信仰、または、芸術的、文学的作品と、直接に、または、明白に関連するもの。
登録年月	1993年12月（第17回世界遺産委員会カルタヘナ会議） 2015年6月（第39回世界遺産委員会ボン会議）登録範囲の拡大
登録遺産の面積	14.58ha　　バッファー・ゾーン　9,281.57ha
登録物件の概要	サンティアゴ・デ・コンポステーラへの巡礼道：フランス人の道とスペイン北部の巡礼路群は、スペインの北部、11世紀には、年間50万人以上の巡礼者がサンティアゴ・デ・コンポステーラをめざして旅していたといわれる巡礼の道。キリスト教徒は、8?15世紀のレコンキスタの間もヨーロッパ各地からスペインの聖地サンティアゴ・デ・コンポステーラをめざしてピレネー越え2ルートが合流するプエンテ・ラ・レイナから北部ログローニョ、ブルゴス、レオンを経て中世の道800km余を歩いた。巡礼の道筋に当時建設された教会、修道院、病院、塔、橋などの遺跡が多数残り、今も続く巡礼の旅人を敬虔な気持ちにさせてくれる。欧州評議会は、1987年にサンティアゴ・デ・コンポステーラへの巡礼道を「文化の道」として選定している。2015年の第39回世界遺産委員会ボン会議で、北スペインにおける道4区間と16件の記念建造物群、合計20資産の構成資産を加えて登録範囲を拡大し登録遺産名も変更した。
分類	遺跡、建造物群、モニュメント　文化の道
物件所在地	スペイン アラゴン自治州（ウエスカ県、サラゴサ県）、ナバーラ自治州、ラ・リオハ自治州、カスティーリャ・イ・レオン自治州（ブルゴス県、パレンシア県、レオン県）、ガリシア自治州（ルゴ県、ラ・コルーニャ県）
保護	国と州の遺産法
管理	●聖ヤコブ評議会（The Jacobean Council） ●アラゴン、ナバーラ、ラ・リオハ、カスティーリャ・イ・レオン、ガリシアの各自治州
利活用	宗教、アーバン・センター、田園景観、文化観光 レクリェーション（ハイキング、ランニング）
イベント	聖ヤコブ年の大祭 ＜聖ヤコブの日7月25日が日曜日にあたる年（6年、5年、6年、11年の周期）＞
世界遺産を取り巻く脅威や危険	●観光圧力　●開発圧力
課題	●世界遺産の構成資産、登録面積、コア・ゾーンとバッファー・ゾーンとの境界の明確化。
備考	ガリシア自治州の「サンティアゴ巡礼道」と和歌山県の「熊野古道」は、1998年に姉妹提携している。
参考URL	ユネスコ世界遺産センター　　http://www.unesco.org/en/list/669

世界遺産ガイドー文化の道編ー

大聖堂の5km手前にある「モンテ・デル・ゴソ」（歓喜の丘）

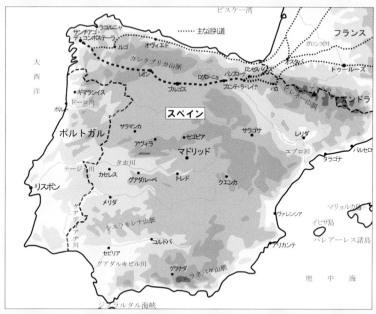

北緯42度27分　　西経5度52分

信仰の道

交通アクセス　●巡礼はどこからでも始められるが、スペイン国内の巡礼街道の始点は、ロンセスバイエス、または、ハカからになる。

シンクタンクせとうち総合研究機構

サンティアゴ・デ・コンポステーラへの巡礼道（フランス側）

登録物件名		Routes of Santiago de Compostela in France
遺産種別		文化遺産
登録基準	(ii)	ある期間を通じて、または、ある文化圏において、建築、技術、記念碑的芸術、町並み計画、景観デザインの発展に関し、人類の価値の重要な交流を示すもの。
	(iv)	人類の歴史上重要な時代を例証する、ある形式の建造物、建築物群、技術の集積、または、景観の顕著な例。
	(vi)	顕著な普遍的な意義を有する出来事、現存する伝統、思想、信仰、または、芸術的、文学的作品と、直接に、または、明白に関連するもの。
登録年月		1998年12月（第22回世界遺産委員会京都会議）
登録遺産の面積		ー　　バッファー・ゾーン　ー

登録物件の概要 サンティアゴ・デ・コンポステーラへの巡礼道（フランス側）は、中世後期に宗教や文化の変遷や発達に重要な役割を果たした。このことは、フランスのラングドック、ブルゴーニュ、アンジェ、ポワトゥールの巡礼道にある修道院、聖堂などのモニュメントに表われている。スペインのサンティアゴ・デ・コンポステーラへの巡礼の旅の精神的かつ肉体的な癒しは、特殊な様式の建物によってもわかる。それらの多くは、フランス側を発祥とし発展を遂げた。ピレネー山脈を越えるサンティアゴ・デ・コンポステーラへの巡礼道は、中世ヨーロッパ諸国やあらゆる階層の人々のキリスト教の信仰と影響力の証明。

分類	建造物群　文化的景観　文化の道
物件所在地	ピカルディ地方、イル・ド・フランス地方、バス・ノルマンディ地方、サントル地方、ポワトゥ・シャラント地方、リムーザン地方、アキテーヌ地方、シャンパーニュ・アルデンヌ地方、ブルゴーニュ地方、オーヴェルニュ地方、プロヴァンス・アルプ・コートダジュール地方、ラングドック・ルシオン地方、ミディ・ピレネー地方
構成資産	●パリのサン・ジャック・ド・ナシュリー教会 ●ヴェズレーのサント・マドレーヌ大聖堂 ●ブールジュのサンテチェンヌ大聖堂 ●トゥールーズのサン・セルナン教会、サン・ジャック施療院 ●ガヴァルニーの小教区教会　●アミアンのノートルダム大聖堂 ●モワサックのサン・ピエール修道院付付属教会とその回廊 ●ポワチエのサン・ティレール・ル・グラン教会など78の構成資産。
保護	●歴史的記念物に関する法律（1913年） ●天然記念物並びに芸術的、歴史的、科学的、伝説的、または、絵画的特質をもつ史跡の保護に関する法律（1930年）
管理	●文化・コミュニケーション省建築・文化財局
利活用	宗教、観光
世界遺産を取り巻く危険や脅威	●開発圧力　●観光圧力
備考	●世界遺産の登録面積、コア・ゾーンとバッファー・ゾーンとの境界が不明。
参考URL	ユネスコ世界遺産センター　　http://whc.unesco.org/en/list/868 サンティアゴ・デ・コンポステーラ巡礼協会 　　　　　　　　　　　　　　http://www.chemins-compostelle.com/ ロカマドール観光局　　http://www.rocamadour.com/

世界遺産ガイド―文化の道編―

トゥールーズのサン・セルナン教会

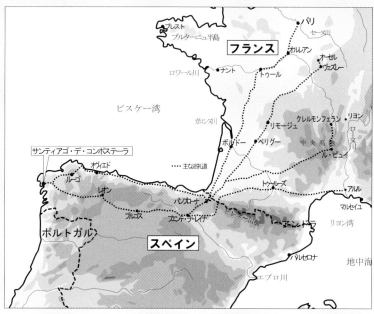

北緯45度11分 東経0度43分

信仰の道

交通アクセス トゥールーズのサン・セルナン教会と聖堂へは、
トゥールーズ市庁舎から歩いて約5分。

シンクタンクせとうち総合研究機構

紀伊山地の霊場と参詣道

登録遺産名	Sacred Sites and Pilgrimage Routes in the Kii Mountain Range
遺産種別	文化遺産
登録基準	(ii) ある期間を通じて、または、ある文化圏において、建築、技術、記念碑的芸術、町並み計画、景観デザインの発展に関し、人類の価値の重要な交流を示すもの。 (iii) 現存する、または、消滅した文化的伝統、または、文明の、唯一の、または、少なくとも稀な証拠となるもの。 (iv) 人類の歴史上重要な時代を例証する、ある形式の建造物、建築物群、技術の集積、または、景観の顕著な例。 (vi) 顕著な普遍的な意義を有する出来事、現存する伝統、思想、信仰、または、芸術的、文学的作品と、直接に、または、明白に関連するもの。
登録年月	2004年 7月 (第28回世界遺産委員会蘇州会議) 2016年11月 (第40回世界遺産委員会イスタンブール・パリ会議) 　　　　　　　　　　　　　　　　　　　　登録範囲の軽微な変更
登録遺産の面積	506.4ha　　バッファー・ゾーン　12,100ha

登録物件の概要　紀伊山地の霊場と参詣道は、日本の中央部、紀伊半島の和歌山県、奈良県、三重県の三県にまたがる。森林が広がる紀伊山地を背景に、修験道の「吉野・大峯」、神仏習合の「熊野三山」、真言密教の「高野山」というように、それぞれ起源や内容を異にする三つの「山岳霊場」と、これらの霊場を結ぶ大峯奥駈道、熊野参詣道(小辺路・中辺路・大辺路・伊勢路)、高野参詣道の「参詣道」からなる。紀伊山地の霊場と参詣道は、紀伊山地の自然環境がなければ成り立つことがなかった「山岳霊場」と「参詣道」、そして、周囲を取り巻く「文化的景観」を特色とする、日本で随一、それに世界でも類例が稀な事例である。紀伊山地の霊場と参詣道は、神道と仏教の神仏習合を反映し、また、これらの宗教建築物群と森林景観は、1200年以上にわたって脈々と受け継がれてきた霊場の伝統を誇示している。2016年、「熊野参詣道」及び「高野参詣道」について、登録範囲の拡大(軽微な変更)が承認された。

分類	遺跡、文化的景観
物件所在地	日本／三重県(尾鷲市、熊野市、度会郡大紀町、北牟婁郡紀北町、 　　　　　南牟婁郡御浜町、紀宝町、紀和町、鵜殿村) 　　　　奈良県(五條市、吉野郡吉野町、黒滝村、天川村、野迫川村、十津川村、 　　　　　川上村、上北山村) 　　　　和歌山県(新宮市、田辺市、橋本市、伊都郡かつらぎ町、九度山町、高野町、 　　　　　西牟婁郡白浜町、日置川町、すさみ町、上富田町、東牟婁郡那智勝浦町、 　　　　　串本町)
保護	●文化財保護法
管理	文化庁、和歌山県、奈良県、三重県、神社、寺院
利活用	●和歌山県世界遺産センター ●三重県立熊野古道センター
参考URL	ユネスコ世界遺産センター　　　http://whc.unesco.org/en/list/1142

世界遺産ガイドー文化の道編ー

和歌山県熊野参詣道　中辺路

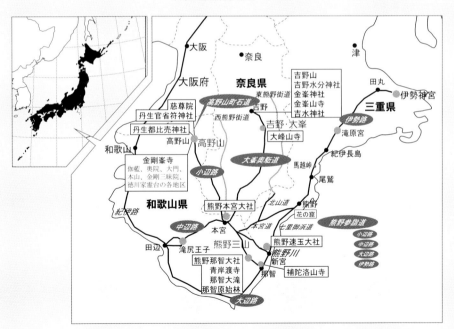

北緯33度50分　東経135度46分

信仰の道

交通アクセス　●熊野古道センターへは、JR尾鷲駅からバスで約10分

シンクタンクせとうち総合研究機構

富士山-信仰の対象と芸術の源泉

登録遺産名		Fujisan, sacred place and source of artistic inspiration
遺産種別		文化遺産
登録基準	(iii)	現存する、または、消滅した文化的伝統、または、文明の、唯一の、または、少なくとも稀な証拠となるもの。
	(vi)	顕著な普遍的な意義を有する出来事、現存する伝統、思想、信仰、または、芸術的、文学的作品と、直接に、または、明白に関連するもの。

暫定リスト登録　2007年　　日本政府推薦　　2011年
ICOMOS調査　　2012年8月29日～9月5日　リン・ディステファノ氏（カナダICOMOS国内委員会委員）
登録年月　　　2013年6月　（第37回世界遺産委員会プノンペン会議）

登録遺産の面積　コア・ゾーン　20,702ha　バッファー・ゾーン　49,628ha

登録遺産の概要　富士山-信仰の対象と芸術の源泉は、日本の中央部、山梨県と静岡県の2県にまたがり、三保松原など25の構成資産からなる。富士山は、標高3776mの極めて秀麗な山容を持つ円錐成層火山である。古くから噴火を繰り返したことから、霊山として多くの人々に畏敬され、日本を代表し象徴する「名山」として親しまれてきた。山を遥拝する山麓に社殿が建てられ、後に富士山本宮浅間大社や北口本宮冨士浅間神社が成立した。平安時代から中世にかけては修験の道場として繁栄したが、近世には江戸とその近郊に富士講が組織され、多くの民衆が富士禅定を目的として大規模な登拝活動を展開した。このような日本独特の山岳民衆信仰に基づく登山の様式は現在でも命脈を保っており、特に夏季を中心として訪れる多くの登山客とともに、富士登山の特徴をなしている。また、葛飾北斎による『富嶽三十六景』など多くの絵画作品に描かれたほか、『万葉集』などにも富士山を詠った多くの和歌が残されている。このように、富士山は一国の文化の基層をなす「名山」として世界的に著名であり、日本の最高峰を誇る秀麗な成層火山であるのみならず、「信仰の対象」と「芸術の源泉」に関連する文化的景観として「顕著な普遍的価値」を有している。2007年に世界遺産暫定リストに登載、2011年に政府推薦が決定、2013年の第37回世界遺産委員会プノンペン会議で世界遺産登録を実現した。しかしながら、課題も多く、2016年の第40回世界遺産委員会で、世界遺産登録後の保全状況報告書（①文化的景観のアプローチを反映した登録遺産の全体ビジョン　②来訪者戦略　③登山道の保全方法　④モニタリングなどの情報提供戦略　⑤富士山の噴火、或は、大地震などの環境圧力、新たな施設や構造物の建設などの開発圧力、登山客や観光客の増加などの観光圧力など、さまざまな危険に対する危機管理計画に関する進展状況　⑥管理計画の全体的改定）の提出を義務づけられている。

分類	記念工作物、遺跡、建造物群　文化的景観の適用
物件所在地	日本／山梨県、静岡県
保護	**文化財保護法**
	〔特別名勝〕富士山（1952年）
	〔名勝・天然記念物〕白糸ノ滝（1936年）
	〔名勝〕富士五湖（2011年）
	〔国宝〕富士山本宮浅間大社本殿（1929年）
	〔国の史跡〕富士山（2011年）、人穴富士講遺跡（2012年）
	〔重要文化財〕小佐野家住宅（1952年）
	自然公園法　富士箱根国立公園（1936年）
	景観法、森林法、砂防法、海岸法、関係各県・市町村条例
管理	富士山包括的保存管理計画
利活用	登山、自然探勝。ハイキング、散策
参考URL	ユネスコ世界遺産センター　　http://whc.unesco.org/en/list/1418

世界遺産ガイドー文化の道編ー

須走口登山道

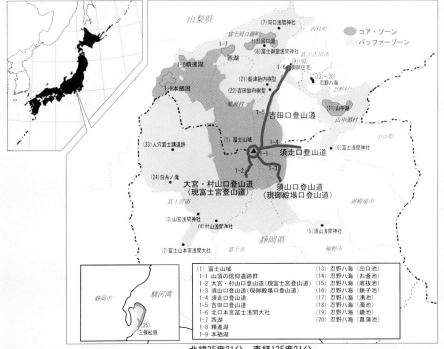

(1) 富士山域
1-1 山頂の信仰遺跡群
1-2 大宮・村山口登山道（現富士宮口登山道）
1-3 須山口登山道（現御殿場口登山道）
1-4 須走口登山道
1-5 吉田口登山道
1-6 北口本宮冨士浅間大社
1-7 西湖
1-8 精進湖
1-9 本栖湖
(13) 忍野八海（出口池）
(14) 忍野八海（お釜池）
(15) 忍野八海（底抜池）
(16) 忍野八海（銚子池）
(17) 忍野八海（湧池）
(18) 忍野八海（濁池）
(19) 忍野八海（鏡池）
(20) 忍野八海（菖蒲池）

北緯35度21分　東経135度21分

交通アクセス　●須走登山口へは、御殿場IC～国道138号を山梨方面へ25分～須走IC降～
　　　　　　　ふじあざみライン～富士山五合目まで20分程度

シンクタンクせとうち総合研究機構

交易の道

Qhapaq Ñan, Andean Road System（**カパック・ニャン、アンデス山脈の道路網**）
文化遺産　登録基準(ii)(iii)(iv)　2014年登録
コロンビア／エクアドル／ペルー／ボリヴィア／チリ／アルゼンチン

写真提供：Qhapaq Ñan／Megan Son

フランキンセンスの地

登録遺産名	Land of Frankincense
遺産種別	文化遺産
登録基準	(iii) 現存する、または、消滅した文化的伝統、または、文明の、唯一の、または、少なくとも稀な証拠となるもの。 (iv) 人類の歴史上重要な時代を例証する、ある形式の建造物、建築物群、技術の集積、または、景観の顕著な例。
登録年月	2000年12月 (第24回世界遺産委員会ケアンズ会議)
登録遺産の面積	849.88ha　バッファー・ゾーン　1,243.24ha

登録物件の概要 フランキンセンスの地は、オマーンの南部、ドファール地方の隊商都市のシスル、サラーラ、ホール・ルーリ、ワジ・ダウカに残っている考古学遺跡など4つの構成資産からなる。フランキンセンスは、クレオパトラやシバの女王も親しんだといわれる伝説的な乳香で、アラビアの香水アムアージュの原料としても知られている。乳香フランキンセンスの産地ドファール地方には、隊商のオアシスであったシスルのウバール遺跡、サラーラ郊外ターカにあるアル・バリード遺跡、および、関連の港であったホール・ルーリのサムフラム遺跡などの考古学遺跡、それに、ワジ・ダウカ乳香公園の乳香の木々(上質のボスウェリア・サクラ種)は、古代から中世まで何世紀にもわたって繁栄した乳香の交易の活動を如実に示すもので、新石器時代以降の南部アラビア文明の顕著な普遍的価値を証明するものである。2000年の登録時の遺産名は「乳香フランキンセスの軌跡」(The Frankincense Trail)であったが、2005年に現在の登録遺産名に変更された。

分類	遺跡群、文化的景観
物件所在地	オマーン国／ドファール特別行政区
保護 管理	●国家遺産保護の為の王勅令6／80 ●国家文化財省 ●オマーン国家考古学調査委員会
構成資産	●シスルの考古学遺跡 ●ホール・ルーリの考古学遺跡と自然環境 ●アル・バリード考古学遺跡 ●ワジ・ダウカ乳香公園
参考URL	ユネスコ世界遺産センター　http://whc.unesco.org/en/list/1010

世界遺産ガイドー文化の道編ー

アル・バリード考古学遺跡

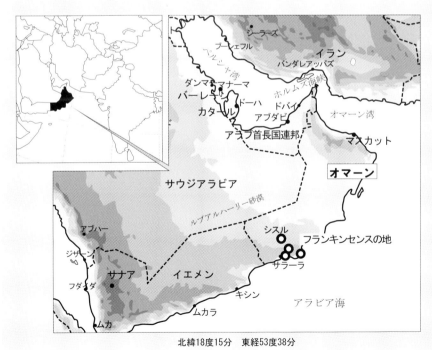

北緯18度15分　東経53度38分

交通アクセス　●シスルのウバール遺跡へは、サラーラから車で2時間30分。

ウマワカの渓谷

英語名	Quebrada de Humahuaca
遺産種別	文化遺産

登録基準　(ii) ある期間を通じて、または、ある文化圏において、建築、技術、記念碑的芸術、町並み計画、景観デザインの発展に関し、人類の価値の重要な交流を示すもの。
(iv) 人類の歴史上重要な時代を例証する、ある形式の建造物、建築物群、技術の集積、または、景観の顕著な例。
(v) 特に、回復困難な変化の影響下で損傷されやすい状態にある場合における、ある文化（または、複数の文化）を代表する伝統的集落、または、土地利用の顕著な例。

登録年月　2003年7月（第27回世界遺産委員会パリ会議）

登録遺産の面積　172,116ha、バッファー・ゾーン　369,649ha

登録物件の概要　ウマワカの渓谷は、アルゼンチンの北部、アンデス山脈系の標高約3000mのフフイ州にあり、大地と岩の大自然の景観から南米のグランド・キャニオンと言われる。ウマワカの渓谷は、岩肌の様々な鉱物の色彩が赤、青、緑へと不思議なグラデーションの色調を織りなすことから七色の谷とも呼ばれ、また、巨大なサボテンの木々の光景が印象的である。ウマワカの渓谷は、過去10,000年以上にもわたって、アンデス高地との間で人々が行き交った主要な交易路であった旧街道がある。また、ウマワカの渓谷には、先史時代の集落遺跡、15〜16世紀のインカ帝国の要塞、19〜20世紀の独立戦争時のモニュメントが残っている。考古学博物館ではインカ時代のミイラを見られる。

分類　　　　　遺跡、文化的景観、文化の道
文化的景観のカテゴリー　有機的に進化する景観

物件所在地　　アルゼンチン共和国
　　　　　　　フフイ州ケブラダ地方ウマワカ、ティルカラ、プカラ、イルージャ、プルママルカ

保存管理　　　国立博物館・モニュメント・史跡委員会
　　　　　　　（National Museums and Monuments and Historical Places Committee）
博物館　　　　考古学博物館
利活用　　　　トレッキング
世界遺産を取り巻く脅威や危険
　　　　　　　●洪水
　　　　　　　●都市化
　　　　　　　●建物の再建と建物の拡張
　　　　　　　●農業での肥料の使用の増加
　　　　　　　●観光圧力の増加

参考URL　　　ユネスコ世界遺産センター　　　http://whc.unesco.org/en/list/1116
　　　　　　　メルコスール観光局
　　　　　　　　http://www.mercosur.jp/01_argentina/isan_humahuaca.html

世界遺産ガイドー文化の道編ー

南米のグランド・キャニオンと呼ばれる荒涼としたウマワカ渓谷と巨大なサボテンの木々

南緯23度11分　西経65度20分

交易の道

交通アクセス　●フフイ、或は、サルタから車。

シンクタンクせとうち総合研究機構

香料の道 – ネゲヴの砂漠都市群

登録遺産名		Incense Route - Desert Cities in the Negev
遺産種別		文化遺産
登録基準	(iii)	現存する、または、消滅した文化的伝統、または、文明の、唯一の、または、少なくとも稀な証拠となるもの。
	(v)	特に、回復困難な変化の影響下で損傷されやすい状態にある場合における、ある文化（または、複数の文化）を代表する伝統的集落、または、土地利用の顕著な例。
登録年月		2005年7月（第28回世界遺産委員会ダーバン会議）
登録遺産の面積		6,655 ha　　　バッファー・ゾーン　63,868 ha

登録物件の概要　香料の道－ネゲヴの砂漠都市群は、イスラエル南部のネゲヴ地方、紀元前2世紀前半頃に現在のヨルダン西部のペトラを中心に栄えたナバテア人のナバテア王国が栄えたハルサ、マムシット、アヴダット、それに、シヴタの砂漠都市群である。香料の道は、ネゲヴ砂漠の要塞や農業景観が広がるこれらの4つの町を経由し地中海へと繋がる香料や香辛料の道である。それらは、紀元前3世紀から紀元後2世紀までの約500年間繁栄した南アラビアから地中海への乳香フランキンセスと没薬（もつやく）ミルラの交易で莫大な利益をもたらしたことを反映するものである。高度な灌漑システム、都市建設、要塞、それにキャラバン・サライ（隊商宿）の遺跡と共に暑さが厳しいネゲヴ砂漠における道と砂漠都市群は、交易や農業の為に定住したことを示す証しで、その文化的景観を誇っている。

分類	遺跡、文化的景観
物件所在地	イスラエル／南部ネゲヴ地方
構成資産	①アウダット、アラヴァ、ウマト・ネゲヴ ②ハルサ ③マムジット ④シヴダ
保護	●イスラエル古物法（1978年） ●国立公園・自然保護区・国立史跡・記念史跡法（1992年）
管理	●イスラエル政府考古局
利活用	キャメル・ライディング
参考URL	ユネスコ世界遺産センター　http://whc.unesco.org/en/list/1107

世界遺産ガイド―文化の道編―

ネゲヴ砂漠の香の道

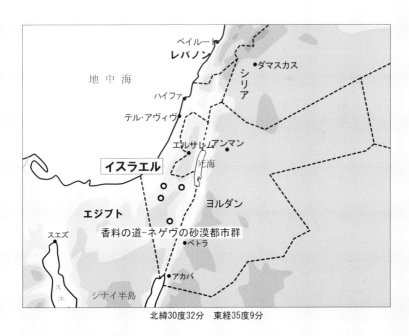

交易の道

北緯30度32分　東経35度9分

交通アクセス　●エルサレムから南へ約150km

石見銀山遺跡とその文化的景観

登録遺産名		Iwami Ginzan Silver Mine and its Cultural Landscape
遺産種別		文化遺産
登録基準	(ii)	ある期間を通じて、または、ある文化圏において、建築、技術、記念碑的芸術、町並み計画、景観デザインの発展に関し、人類の価値の重要な交流を示すもの。
	(iii)	現存する、または、消滅した文化的伝統、または、文明の、唯一の、または、少なくとも稀な証拠であるもの。
	(v)	特に、回復困難な変化の影響下で損傷されやすい状態にある場合における、ある文化（または、複数の文化）を代表する伝統的集落、または、土地利用の顕著な例。

暫定リスト登録　2000年　　日本政府推薦　2006年1月
ICOMOS調査　　2006年9月　ダンカン・マーシャル氏（オーストラリアICOMOS国内委員会）
登録年月　　　　2007年7月（第31回世界遺産委員会クライスト・チャーチ会議）
　　　　　　　　2010年8月（第34回世界遺産委員会ブラジリア会議）登録範囲の拡大(軽微)

登録遺産面積　　コア・ゾーン　529.17ha　　バッファー・ゾーン　3,134ha　　合計　3,663.17ha

登録遺産の概要　石見銀山遺跡は、日本海に面する島根県中央部の大田市にある。石見銀山は、中世から近世にかけて繁栄した銀山で、16～17世紀の銀生産最盛期には、ボリヴィアのポトシと並ぶ世界の2大銀鉱山といわれ、海外にも多く輸出され、当時の世界の産銀量の約3分の1を占めたといわれる日本銀のかなりの部分を担い、世界経済にも大きな影響を与えた。石見銀山遺跡は、中世から近世の約400年にわたる銀山の全容が良好に残る稀な産業遺跡で、石見銀の採掘、精錬から運搬、積み出しに至る鉱山開発の総体を表す「銀鉱山跡と鉱山町」、「港と港町」、及びこれらをつなぐ「街道」の3つから構成されている。石見銀山遺跡は、東西世界の文物交流及び文明交流の物証であり、伝統的技術による銀生産の証しである考古学的遺跡及び銀鉱山に関わる土地利用の総体を表す文化的景観を呈する。石見銀山遺跡は、ユネスコの「世界遺産」に推薦するための国内での暫定リストに2000年登載、2005年7月15日に開催された文化審議会文化財分科会は、「石見銀山遺跡とその文化的景観」を世界遺産に推薦することを了承、専門機関のICOMOSは、「登録延期」を勧告したが、環境に配慮し、自然と共生した鉱山運営を行っていたことが特に評価され、2007年6月の第31回世界遺産委員会クライストチャーチ会議で、世界遺産リストに登録された。国内では14件目、鉱山遺跡としてはアジアで初めての世界遺産となった。2007年の大森銀山重伝建地区についての国の追加選定、2008年の街道の史跡追加指定、2009年の温泉津重伝建地区についての国の追加選定などに伴い、2010年の第34回世界遺産委員会で、コア・ゾーンの面積を442haから約529haに拡大、軽微な変更を行った。

分類		遺跡(鉱山遺跡、産業遺産)、建造物群(伝統的建造物群)、文化的景観
物件所在地		日本／島根県大田市
構成遺産	(1)銀鉱山跡と鉱山町	●銀山柵内　●代官所跡　●矢滝城跡　●矢筈城跡　●石見城跡　●宮ノ前地区　●熊谷家住宅　●羅漢寺五百羅漢　●大森銀山伝統的建造物群保存地区
	(2)街道	●石見銀山街道鞆ヶ浦道　●石見銀山街道湯泉津・沖泊道
	(3)港と港町	●鞆ヶ浦　●沖泊　●湯泉津伝統的建造物群保存地区
保護		文化財保護法（国の史跡、国の重要文化財、重要伝統的建造物群保存地区
管理		島根県、大田市
利活用		観光
		●石見銀山世界遺産センター〒694-0405　大田市大森町イ1597-3　℡0854-89-0183
参考URL		ユネスコ世界遺産センター　　http://whc.unesco.org/en/list/1246
		石見銀山世界遺産センター　　http://ginzan.city.ohda.lg.jp/
		石見銀山（島根県HP）　　　　http://www.pref.shimane.lg.jp/sekaiisan/

世界遺産ガイド―文化の道編―

石見銀山遺跡　遠景

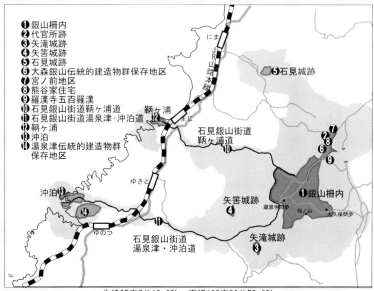

① 銀山柵内
② 代官所跡
③ 矢滝城跡
④ 矢筈城跡
⑤ 石見城跡
⑥ 大森銀山伝統的建造物群保存地区
⑦ 宮ノ前地区
⑧ 熊谷家住宅
⑨ 羅漢寺五百羅漢
⑩ 石見銀山街道鞆ヶ浦道
⑪ 石見銀山街道湯泉津・沖泊道
⑫ 鞆ヶ浦
⑬ 沖泊
⑭ 湯泉津伝統的建造物群保存地区

北緯35度7分10.6秒　東経132度26分59.6秒

交通アクセス
● 出雲空港から大田市までは、バスで約1時間
● 広島駅新幹線口から大田市駅までバス(石見銀山号)で約2時間50分。
● 中国自動車道　三次IC～国道54～県道40～大田市
● 中国自動車道　千代田JCT～浜田自動車道大朝IC～国道261～県道31～大田市
● 石見銀山遺跡内は、交通規制あり。石見銀山駐車場から路線バスを利用。

シンクタンクせとうち総合研究機構　　77

交易の道

カミノ・レアル・デ・ティエラ・アデントロ

登録遺産名	Camino Real de Tierra Adentro
遺産種別	文化遺産
登録基準	(ii) ある期間を通じて、または、ある文化圏において、建築、技術、記念碑的芸術、町並み計画、景観デザインの発展に関し、人類の価値の重要な交流を示すもの。 (iv) 人類の歴史上重要な時代を例証する、ある形式の建造物、建築物群、技術の集積、または、景観の顕著な例。
登録年月	2010年 8月（第34回世界遺産委員会ブラジリア会議）
登録遺産の面積	3,102 ha　　　バッファー・ゾーン　268,057 ha

登録物件の概要 カミノ・レアル・デ・ティエラ・アデントロは、メキシコの中央部、メキシコ市とメヒコ州、イダルゴ州、ケレタロ州、グアナファト州、ハリスコ州、アグアスカリエンテス州、サカテカス州、サン・ルイス・ポトシ州、ドウランゴ州、チワワ州の10州にまたがるアデントロ街道である。カミノ・レアルとは、スペイン語では、王道、英語では、国道、ティエラ・アデントロとは、内陸を意味する内陸への王道、アデントロ街道のことである。カミノ・レアル・デ・ティエラ・アデントロは、銀の道、或は、サンタフェへの道としても知られている。最初は、急ぎの鉱夫が無人の大陸を横断する細い道であった。16世紀の半ばから19世紀の約300年間、鉱工業の発展がこの道を強化し、拡張させ、北部地域およびその他の地域に供給する銀、水銀、小麦、とうもろこし、薪、その他の商品が流通した。首都メキシコ・シティからメキシコ国内のスペインの植民都市、それにアメリカ合衆国のニュー・メキシコやテキサスとを結ぶ2600kmのルートで、沿道沿いには、ケレタロ（現在の属州はケレタロ州）、ソンプレレテ（サカテカス州）、チワワ（チワワ州）などの大きな集落が発達した。これらの集落は、スペインが征服した広大な土地の植民地化とキリスト教の布教を支え、アメリカ大陸の原住民とスペインの文化とが融合した。世界遺産の登録範囲は、メキシコ国内の1400kmの沿道にある60の構成資産からなり、そのうちメキシコ・シティ、サカテカス、グアナファト、ケレタロ、サン・ミゲルの5つの世界遺産地を含んでいる。

分類	建造物群、遺跡
物件所在地	メキシコ合衆国／メキシコシティ、メヒコ州、イダルゴ州、ケレタロ州、グアナファト州、ハリスコ州、アグアスカリエンテス州、サカテカス州、サン・ルイス・ポトシ州、ドウランゴ州、チワワ州
保護	●文化財保護法（1972年）
管理	●国立人類学・歴史学研究所 （Instituto Nacional de Antropologia e Historia 略称 INAH）
利活用	観光
備考	●銀の道、或は、サンタ・フェへの道としても知られている。 ●以下の5件は既登録の世界遺産の一部ないし全部と重複している。 「メキシコシティーの歴史地区とソチミルコ」（1987年登録）の一部。 「ケレタロの歴史的建造物地域」（1996年登録） 「サン・ミゲルの保護都市とアトトニルコのナザレのイエス聖域」（2008年登録） 「古都グアナファトと近隣の鉱山群」（1988年登録） 「サカテカスの歴史地区」（1993年登録）
参考URL	ユネスコ世界遺産センター　http://whc.unesco.org/en/list/1351 国立人類学・歴史学研究所　http://patrimonio-mexico.inah.gob.mx/www/

世界遺産ガイド―文化の道編―

カミノ・レアルが通っているサン・ルイス・ポトシ歴史地区

北緯22度36分　西経102度22分

交通アクセス　●サン・ルイス・ポトシへは、メキシコシティから飛行機で1時間15分。

交易の道

シンクタンクせとうち総合研究機構　　79

水銀の遺産、アルマデン鉱山とイドリャ鉱山

登録遺産名	Heritage of Mercury Almaden and Idrija
遺産種別	文化遺産
登録基準	(ii) ある期間を通じて、または、ある文化圏において、建築、技術、記念碑的芸術、町並み計画、景観デザインの発展に関し、人類の価値の重要な交流を示すもの。 (iv) 人類の歴史上重要な時代を例証する、ある形式の建造物、建築物群、技術の集積、または、景観の顕著な例。
登録年月	2012年12月（第36回世界遺産委員会サンクトペテルブルク会議）
登録遺産の面積	104.1 ha　　バッファー・ゾーン　－

登録物件の概要 水銀の遺産、アルマデン鉱山とイドリャ鉱山は、スペインの南西部、カスティーリャ・ラ・マンチャ州シウダー・レアル県、ローマ時代から2500年の採掘の歴史を有するアルマデン水銀鉱山、スロヴェニアの西部のプリモルスカ地方、1490年に水銀が発見され、1580年に政府が鉱業生産を始めたイドリャ水銀鉱山を構成資産とする複数国にまたがる世界遺産である。新大陸での金銀発掘において、水銀を使用して鉱石から金銀を抽出するアマルガム精錬法が1554年にアメリカで考案され、水銀の需要が高まった。ヨーロッパのアルマデン鉱山とイドリャ鉱山から取れた水銀は、陸路と海路でアメリカ大陸のサン・ルイ・ポトシまで運び出され、金銀を含む鉱石を粉々にして、水銀、水、塩と混ぜて、固形のアマルガムにして加熱、水銀を蒸発させて金銀を抽出した。近年まで稼動してきた世界を代表する水銀の遺産、アルマデン鉱山とイドリャ鉱山は、数世紀にわたってのヨーロッパ大陸とアメリカ大陸の間の水銀交易を今に伝える重要な遺産である。

分類	建造物群
物件所在地	スペイン／カスティーリャ・ラ・マンチャ州シウダー・レアル県 スロヴェニア共和国／プリモルスカ地方イドリャ水銀鉱山
構成資産	●アルマデン　旧市街など ●イドリャ　　旧市街など
保護	●スペイン／歴史遺産法 ●スロヴェニア／国家遺産管理法（1982年）
管理	●アルマデン市、イドリャ市ほか
利活用	●アルマデン鉱山公園 ●鉱山解説センター ●水銀博物館
世界遺産を取り巻く脅威や危険	●都市開発などの開発圧力 ●観光圧力 ●竜巻、嵐、地震などの自然災害
課題	世界遺産の登録範囲（コア・ゾーンとバッファー・ゾーン）の境界の明確化。
参考URL	ユネスコ世界遺産センター　http://whc.unesco.org/en/list/1313

世界遺産ガイド―文化の道編―

アルマデンのカルロス5世の門

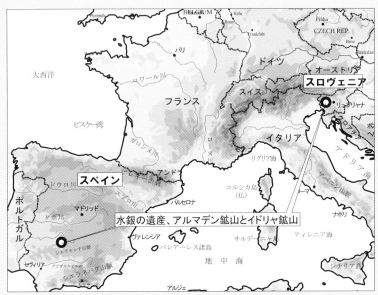

アルマデン　北緯38度46分31秒　西経4度50分20秒
イドリャ　　北緯46度0分14秒　　東経14度1分36秒

交通アクセス　●アルマデン　シウダー・レアル県の県都シウダー・ド・レアルから車。
　　　　　　　●イドリャ　リュブリヤナから車。

シルクロード：長安・天山回廊の道路網

登録遺産名	Silk Roads: the Routes Network of Tianshan Corridor
遺産種別	文化遺産
登録基準	(ii) ある期間を通じて、または、ある文化圏において、建築、技術、記念碑的芸術、町並み計画、景観デザインの発展に関し、人類の価値の重要な交流を示すもの。 (iii) 現存する、または、消滅した文化的伝統、または、文明の、唯一の、または、少なくとも稀な証拠となるもの。 (v) 特に、回復困難な変化の影響下で損傷されやすい状態にある場合における、ある文化（または、複数の文化）を代表する伝統的集落、または、土地利用の顕著な例。 (vi) 顕著な普遍的な意義を有する出来事、現存する伝統、思想、信仰、または、芸術的、文学的作品と、直接に、または、明白に関連するもの。
登録年月	2014年6月（第38回世界遺産委員会ドーハ会議）
登録遺産の面積	42,668.16ha　　バッファー・ゾーン　189,963.1 ha

登録物件の概要　シルクロード：長安・天山回廊の道路網は、キルギス、中国、カザフスタンの3か国にまたがる。世界遺産の登録面積は、42,668.16ha、バッファー・ゾーンは、189,963.1haである。世界遺産は、キルギスの首都ビシュケク（旧名フルンゼ）の東にあるクラスナヤ・レーチカ仏教遺跡など3か所、中国の唐の時代に盛名を馳せた仏法僧、玄奘三蔵（600年または602年〜664年）がインドから持ち帰った経典を収めたとされる「大雁塔」（西安市）、「麦積山石窟寺」（甘粛省天水）、「キジル石窟」（新疆ウイグル自治区）など22か所、カザフスタンのアクトベ遺跡など8か所、合計33か所の都市、宮殿、仏教寺院などの構成資産からなる。シルクロードは、古代中国の長期間にわたり、政治、経済、文化の中心であった古都長安（現在の西安市）から洛陽、敦煌、天山回廊を経て中央アジアに至る約8,700kmの古代の絹の交易路である。シルクロードは、ユーラシア大陸の文明・文化を結び、広範で長年にわたる交流を実現した活力ある道で、世界史の中でも類いまれな例である。紀元前2世紀から紀元1世紀ごろにかけて各都市を結ぶ通商路として形成され、6〜14世紀に隆盛期を迎え、16世紀まで幹線道として活用された。シルクロードの名前は、1870年代にドイツの地理学者リヒトホーフェン（1833〜1905年）によって命名され広く普及した。今後シルクロードの他のルートも含めた登録範囲の延長、拡大も期待される。

分類	遺跡、文化の道
物件所在地	カザフスタン共和国／アルマトイ州、ジャンブール州 キルギス共和国／チュイ州 中華人民共和国／新疆ウイグル自治区、陝西省、河南省、甘粛省
管理	カザフスタン共和国／文化情報省 キルギス共和国／文化情報観光省 中華人民共和国／国家文物局
利活用	観光
課題	保存管理と来訪者管理（解説を含む）
備考	●朝日新聞朝刊 世界遺産・絹の道 東へ続け日韓「ルート延伸を」2016年3月8日
参考URL	ユネスコ世界遺産センター　http://whc.unesco.org/en/list/1442

交易の道

世界遺産ガイドー文化の道編ー

シルクロード　ベゼクルク千仏洞

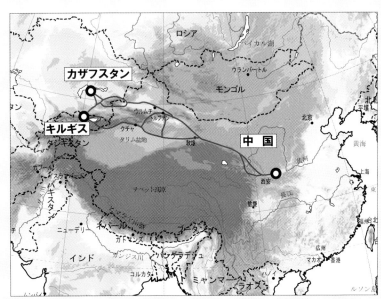

新疆ウイグル自治区吐魯番市ベゼクルク千仏洞　　北緯42度56分〜57分　　東経89度32分〜33分
浙江省寧波市　　北緯29度46分〜29度58分　　東経121度20分〜121度47分

交通アクセス　　●西安国際咸陽空港への飛行時間は、成田から5〜6時間程度。

シンクタンクせとうち総合研究機構

カパック・ニャン、アンデス山脈の道路網

登録遺産名	Qhapaq Ñan, Andean Road System
遺産種別	文化遺産
登録基準	(ii) ある期間を通じて、または、ある文化圏において、建築、技術、記念碑的芸術、町並み計画、景観デザインの発展に関し、人類の価値の重要な交流を示すもの。
	(iii) 現存する、または、消滅した文化的伝統、または、文明の、唯一の、または、少なくとも稀な証拠となるもの。
	(iv) 人類の歴史上重要な時代を例証する、ある形式の建造物、建築物群、技術の集積、または、景観の顕著な例。
	(vi) 顕著な普遍的な意義を有する出来事、現存する伝統、思想、信仰、または、芸術的、文学的作品と、直接に、または、明白に関連するもの。
登録年月	2014年6月（第38回世界遺産委員会ドーハ会議）
登録遺産の面積	11,407 ha　　バッファー・ゾーン　663,070 ha

登録物件の概要 カパック・ニャン、アンデス山脈の道路網とは、アルゼンチン、ボリヴィア、チリ、コロンビア、エクアドル、ペルーの南米6か国にまたがる全長約30,000kmに及ぶインカ帝国時代のアンデス山脈の主要道路、インカ古道のことで、世界遺産の登録面積は、11,406.95ha、バッファー・ゾーンは、663,069.68haである。カパック・ニャンとは、ケチュア語で、「偉大な道」或に「主要な道」を意味する。構成資産は、インカ帝国の首都であったクスコがあるペルーのヴィルカノタ川など54か所を中心に、アルゼンチンのプエンテ・デル・インカなど13か所、ボリヴィアのキムサ・クルス山脈など3か所、チリのアタカマなど34か所、コロンビアのラパスなど9か所、エクアドルのプエンテ・ロトなど24か所、合計137か所に及ぶ。14～16世紀のインカ帝国時代の人々は、プレ・インカ文化やインカ文化によってつくられたインカ道を利用して、海抜0メートルの灼熱の砂漠から6000mの極寒のアンデス山脈までの道路網を完成させ発展させた。このアンデス山脈の交通網の驚くべき文化的、社会的、歴史的な価値と自然の素晴らしさを保護し、多くの周辺住民が恩恵を得られるよう、また、世界各国からの旅行者が継続してここを訪れ、その遺産価値を見出せるように、総合的なカパック・ニャン計画が進行している。

分類	遺跡、文化の道
物件所在国	ペルー、ボリヴィア、エクアドル、チリ、アルゼンチン、コロンビア
構成資産	ペルー／大いなるインカの道 "カパック・ニャン" と呼ばれる国の輸送システム ボリヴィア／インカの大地、コジャース-ヨの最大のインカ遺跡 エクアドル／インガピルカ考古学地域 チリ／カパック・ニャン-主要なアンデスの道 アルゼンチン／カパック・ニャン-アンデスの主要道 コロンビア／コロンビアのカパック・ニャン（主要なアンデスの道）
保護	ペルー／国家文化遺産保護法 チリ／国家記念物法など。
管理	カパック・ニャン国際管理計画
利活用	●トレッキング、ハイキング
世界遺産を取り巻く脅威や危険	●豪雨　●道路の崩壊　●地滑り
参考URL	ユネスコ世界遺産センター　http://whc.unesco.org/en/list/1459

交易の道

世界遺産ガイドー文化の道編ー

マチュピチュへのインカ道

南緯18度15分　西経69度35分

交易の道

交通アクセス　●ペルーのクスコからマチュピチュまでのトレッキング・ツアーなどがある。
　　　　　　　●クスコへは、リマから飛行機で約1時間。

シンクタンクせとうち総合研究機構　　　　　　　　　　　　　　　　　　　85

運河、水路

Aqueduct of Padre Tembleque Hydraulic System
(テンブレケ神父の水道橋の水利システム)
文化遺産　登録基準(i)(ii)(iv)　2016年登録
メキシコ

写真提供：Government of the State of Mexico (Estado de Mexico)

ポン・デュ・ガール（ローマ水道）

登録物件名	Pont du Gard（Roman Aqueduct）
遺産種別	文化遺産
登録基準	(i) 人類の創造的天才の傑作を表現するもの。 (iii) 現存する、または、消滅した文化的伝統、または、文明の、唯一の、または、少なくとも稀な証拠となるもの。 (iv) 人類の歴史上重要な時代を例証する、ある形式の建造物、建築物群、技術の集積、または、景観の顕著な例。
登録年月	1985年12月（第9回世界遺産委員会パリ会議） 2007年7月（第31回世界遺産委員会クライスト・チャーチ会議） 　　　　登録範囲の若干の変更
登録遺産の面積	0.326ha　　バッファー・ゾーン　691ha

登録物件の概要　ポン・デュ・ガール（ローマ水道）は、フランス南部のガール県、ニームとアヴィニョンの中間のガルドン川に、紀元前19年、アウグストゥス帝の腹心アグリッパの命によって古代ローマ人によって架けられた水道橋。世界遺産の登録面積は、コア・ゾーンが0.326ha、バッファー・ゾーンが691haである。このローマ水道橋は、精巧な土木建築技術を顕わす巨大な石造3層のアーチを持ち、川面から最上層部まで49m、長さは275mである。3層の最上層は、35アーチ、中層は11アーチ、最下層は6アーチの構造になっている。現在、水は流れていないが、建設時は、1日に2万m³もの水が流れていたといわれている。当時の水路の全長は、ユゼスからニームまでの約50km、ポン・デュ・ガールはその中間にあたる。年間数mmずつ傾いており、倒壊の危険をはらんでいる。ローマの水道橋で世界遺産に登録されているものは、スペインの「セゴビアの旧市街とローマ水道」の構成資産である全長728m、高さ28mのセゴビア水道橋や、同じくスペインの「タラコの考古学遺跡群」の構成資産である長さ217m、高さ26mのラス・ファレラス水道橋がある。

分類	モニュメント
物件所在地	フランス共和国／ラングドッグ・ルション地方ガール県ポン・デュ・ガール
保護	●歴史的記念物に関する法律（1913年） ●天然記念物並びに芸術的、歴史的、科学的、伝説的、または、絵画的特質をもつ史跡の保護に関する法律（1930年）
管理	●文化・コミュニケーション省建築・文化財局
利活用	観光
イベント	音と花火のスペクタクルショー（"Les feeries du Pont" – 橋の妖精たち）
観光局	ラングドッグ・ルション地方観光局
世界遺産を取り巻く危険や脅威	●開発圧力　●観光圧力　●倒壊
参考URL	ユネスコ世界遺産センター　　http://www.unesco.org/en/list/344 ラングドッグ・ルション地方観光局　http://www.sunfrance.com ポン・デュ・ガール　　　　http://www.pontdugard.fr

世界遺産ガイド―文化の道編―

ガルドン川に架かる橋、ポン・デュ・ガール（ローマ水道）

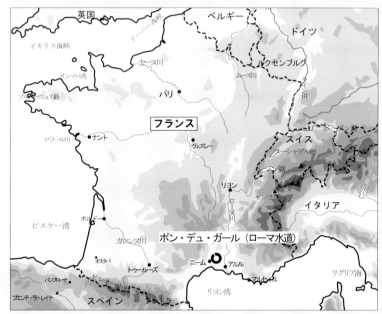

北緯43度56分50秒　東経4度32分7秒

運河・水路

交通アクセス　●ポン・デュ・ガールへは路線バスは、アヴィニオン・バス・ターミナル、或いは、ニームやアルルのバス・ターミナルから運行されているが便数が少ない。

ミディ運河

登録遺産名	Canal du Midi	
遺産種別	文化遺産	
登録基準	(i)	人類の創造的天才の傑作を表現するもの。
	(ii)	ある期間を通じて、または、ある文化圏において、建築、技術、記念碑的芸術、町並み計画、景観デザインの発展に関し、人類の価値の重要な交流を示すもの。
	(iv)	人類の歴史上重要な時代を例証する、ある形式の建造物、建築物群、技術の集積、または、景観の顕著な例。
	(vi)	顕著な普遍的な意義を有する出来事、現存する伝統、思想、信仰、または、芸術的、文学的作品と、直接に、または、明白に関連するもの。
登録年月	1996年12月（第20回世界遺産委員会メリダ会議）	
登録遺産の面積	1,172ha　　バッファー・ゾーン　2,014ha	

登録物件の概要　ミディ運河は、トゥールーズから発して、カルカソンヌ、ベジェを流れ、地中海沿岸のセートに至る。トゥールーズで大西洋岸のボルドーに至るガロンヌ川と、それに沿ったガロンヌ運河とつながり、地中海と大西洋とをつなぐ総延長360kmの水運の一端を担っている。17世紀に、徴税使にして技術者であったピエール・ポール・リケ(1609～1680年)の発案で、国王のルイ14世が承認、国家プロジェクトとして、1667年に工事が始まり1694年に完成した。ミディ運河は、トゥールーズからセート港までの全長240kmの間を堰、水門、橋、トンネルなどの構造物で繋ぐ画期的な近代土木工事を通じた産業革命、それに、運河沿いにある産地サン・テミリオンなどのワインの流通革命の扉を開く交通路の役割を果たした。ピエール・ポール・リケは、運河建設にあたり、周辺環境との調和を考えて、芸術作品の域に高めた。ミディ運河を通過する船舶交通は、鉄道や道路の発達によって、その使命を終えた。

分類	モニュメント　文化の道
物件所在地	フランス共和国／ミディ・ピレネー地方（オート・ガロンヌ県、タム県）ラングドック・ルション地方（オード県、エロー県）
保護	●歴史的記念物に関する法律（1913年） ●天然記念物並びに芸術的、歴史的、科学的、伝説的、または、絵画的特質をもつ史跡の保護に関する法律（1930年）
管理	●文化・コミュニケーション省建築・文化財局
利活用	観光、運河クルーズ
観光局	ミディ・ピレネー地方観光局、ラングドック・ルション地方観光局
世界遺産を取り巻く危険や脅威	●開発圧力　●観光圧力
参考URL	ユネスコ世界遺産センター　　http://www.unesco.org/en/list/770 ラングドッグ・ルション地方観光局　http://www.sunfrance.com ミディ・ピレネー地方観光局　http://www.tourisme-midi-pyrenees.com ミディ運河クルーズ　http://www.carcassonne-croisiere.com

世界遺産ガイドー文化の道編ー

産業革命の扉を開く交通路の役割を果たした。

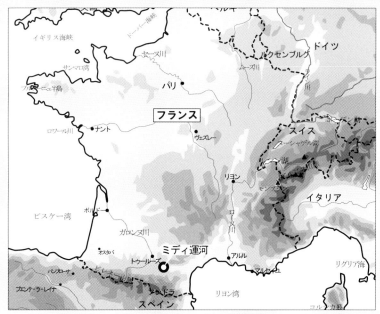

北緯43度36分 41秒　東経1度24分59秒

交通アクセス　●カルカソンヌ駅までは、トゥールーズからTGVで約45分。
　　　　　　　　カルカソンヌ発のミディ運河クルーズがある。

運河・水路

シンクタンクせとうち総合研究機構　　　91

ルヴィエールとルルー（エノー州）にあるサントル運河の4つの閘門と周辺環境

登録遺産名	The Four Lifts on the Canal du Centre and their Environs, La Louviere and Le Roeulx（Hainault）
遺産種別	文化遺産
登録基準	(iii) 現存する、または、消滅した文化的伝統、または、文明の、唯一の、または、少なくとも稀な証拠となるもの。 (iv) 人類の歴史上重要な時代を例証する、ある形式の建造物、建築物群、技術の集積、または、景観の顕著な例。
登録年月	1998年12月（第22回世界遺産委員会京都会議）
登録遺産の面積	67.3436ha、バッファー・ゾーン 538.8133ha

登録物件の概要 ベルギーのエノー州のルヴィエールとルルーは、エノー州の州都モンスの東十数kmのところにある。サントル運河は1888〜1917年に、ムーズ川とエスコー川のドックを連絡して、ドイツからフランスへの通行を実現する為に建造された。4つの巨大なボート・リフトがある閘門は、ルヴィエールとティウ間にある67mの高低差を内部の水位を調節することで解消する目的の為に設けられたもので、現在も稼働している。サントル運河の4つの閘門は、19世紀のヨーロッパにおける運河建設や水力利用技術の一つの頂点を示す産業遺産であり、運河上の橋梁、付属建築物なども含めて世界遺産に登録された。

分類	建造物群
物件所在地	ベルギー王国／ワロン地方エノー州ルヴィエール、ルルー
構成資産	リフトNo.1 ウドン・ゴウェー リフトNo.2 ウドン・エムリー リフトNo.3 ブラックニー リフトNo.4 ティウ
保護	運河法（1992年9月22日）
管理	ワロン土木交通省・水路部局
利活用	ボート・クルーズ
参考URL	ユネスコ世界遺産センター　http://whc.unesco.org/en/list/856 サントル運河　http://www.canal-du-centre.be/index.html

世界遺産ガイド―文化の道編―

サントル運河に架かるリフト

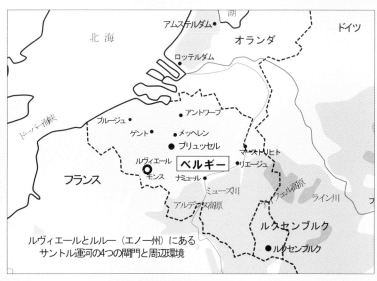

ルヴィエールとルルー（エノー州）にある
サントル運河の4つの閘門と周辺環境

北緯50度28分　東経4度8分

運河・水路

交通アクセス　●ストレピー・ティウの昇降機までは、ブリュッセルからモンスで乗り換え
　　　　　　　ティウ下車、徒歩20分。

シンクタンクせとうち総合研究機構

リドー運河

登録遺産名	Rideau Canal
遺産種別	文化遺産
登録基準	(i) 人類の創造的天才の傑作を表現するもの。 (iv) 人類の歴史上重要な時代を例証する、ある形式の建造物、建築物群、技術の集積、または、景観の顕著な例。
登録年月	2007年6月（第31回世界遺産委員会クライスト・チャーチ会議）
登録遺産の面積	21,454.81 ha　　バッファー・ゾーン　2,363.2 ha

登録物件の概要　リドー運河は、オンタリオ州の首都オタワから五大湖の一つオンタリオ湖の湖畔のキングストンまでをリドー川やカタラク川で47もの水門でつなぐ、19世紀初期の全長202kmの記念碑的な北米で最も古い運河の土木遺産である。世界遺産の登録範囲は、核心地域が21,455ha、緩衝地域が2,363haである。リドー運河は、英米戦争後、アメリカの侵略からの防衛のためにジョン・バイ海軍大佐の指揮のもと1万人以上もの労働者、6年の歳月を費やして建造され、当時は運河では初となる蒸気船の航行を視野に入れ建設された。世界遺産登録された2007年は、リドー運河開通175年記念、オタワ首都選定150周年の記念すべき年であった。

分類	遺跡
年代区分	19世紀～
物件所在地	カナダ／オンタリオ州
構成資産	●リドー運河 ●ヘンリー要塞（キングストン） ●フレデリック要塞（キングストン） ●カスカート塔（シダー島） ●ショール塔（キングストン） ●アーニー塔（キングストン）
保護	●史跡及び記念物法1952～3 ●国定史跡（1925指定）
管理	●カナダ国立公園局
利活用	観光、運河クルーズ、スケート
博物館	リドー運河博物館
備考	冬季には、運河が凍結し、スケートリンクになる。
参考URL	ユネスコ世界遺産センター　http://whc.unesco.org/en/list/1221

世界遺産ガイド―文化の道編―

リドー運河

北緯44度59分　西経75度45分

交通アクセス　●トロントからオタワまで飛行機で約1時間。
　　　　　　　オタワの国会議事堂からは徒歩約5分。運河クルーズあり。

運河・水路

ポントカサステ水路橋と運河

登録遺産名		Pontcysyllte Aqueduct and Canal
遺産種別		文化遺産
登録基準	(ⅰ)	人類の創造的天才の傑作を表現するもの。
	(ⅱ)	ある期間を通じて、または、ある文化圏において、建築、技術、記念碑的芸術、町並み計画、景観デザインの発展に関し、人類の価値の重要な交流を示すもの。
	(ⅳ)	人類の歴史上重要な時代を例証する、ある形式の建造物、建築物群、技術の集積、または、景観の顕著な例。

登録年月 2009年6月（第33回世界遺産委員会セビリア会議）

登録遺産の面積 105ha、バッファー・ゾーン 4,145ha

登録物件の概要 ポントカサステ水路橋と運河は、英国南西部、ウェールズ地方のデンビーシャー県を流れるディー川の渓谷にある英国最大の運河橋である。ポントカサステとは、ウェールズ語で、「連絡橋」という意味である。ポントカサステ水路橋と運河は、18世紀末から19世紀の初頭において、困難な地理的環境下で建設された水路橋の傑作であり、世界遺産の登録面積は105ha、バッファー・ゾーンは4145haである。ポントカサステ水路橋は、長さが313m、幅が13.7mの19連の鋳鉄アーチ橋である。渓谷をまたいでランゴレン運河が通っており、最大高は38.7m、水路溝は幅3.6mで、1805年に完成した。英国土木学会初代会長を務めた土木・運河技術の第一人者であったトーマス・テルフォード（1757～1834年）によって架けられた先駆的な土木・運河技術の駆使した作品である。ポントカサステ水路橋と運河は、英国の産業革命よってもたらされた革新的な顕著な事例の一つであり、内陸の水路、土木技術、土地利用計画、構造設計における鉄の利用などの分野で、国際的な交流や影響を与えた顕著な事例である。

分類 建造物群

物件所在地 英国（グレートブリテンおよび北部アイルランド連合王国）
　　　　　　ウェールズ地方デンビシャー県、レクサム郡
　　　　　　イングランド地方シュロップシャー県オズウェスリィ自治区

保護 ●古代記念物及び考古学区域に関する法律
　　　　　（the Ancient Monuments and Archaeological Areas Act）（1979年）
　　　●運河法

管理 ●文化・メディア・スポーツ省（DCMS 旧国民文化財省DNH）
　　　●カデュー（Cadw：Welsh Historic Monuments）
　　　●英国水路（British Waterways 英国全土の水路・運河管理組織）
　　　●レクサム郡 ●オズウェスリィ自治区

利活用 観光

世界遺産を取り巻く脅威や危険
　　　●開発圧力 ●観光圧力 ●気候変動など環境圧力 ●自然災害

備考 ポントカサステをポントカサルテとしている日本語表記もある。

参考URL ユネスコ世界遺産センター　http://www.unesco.org/en/list/1303
　　　　　ポントカサステ水路橋と運河
　　　　　　　　http://www.wrexham.gov.uk/english/heritage/pontcysyllte-aqueduct/

世界遺産ガイド―文化の道編―

ディー川の渓谷にある英国最大の運河橋　ポントカサステ水路橋と運河

北緯52度58分13分　西経3度5分16分

交通アクセス　●ポントカサステ水路橋へは、トレヴァーから車で約40分。

アムステルダムのシンゲル運河の内側にある17世紀の環状運河地域

登録遺産名	Seventeenth-century canal ring area of Amsterdam inside the Singelgracht
遺産種別	文化遺産
登録基準	(i) 人類の創造的天才の傑作を表現するもの。 (ii) ある期間を通じて、または、ある文化圏において、建築、技術、記念碑的芸術、町並み計画、景観デザインの発展に関し、人類の価値の重要な交流を示すもの。 (iv) 人類の歴史上重要な時代を例証する、ある形式の建造物、建築物群、技術の集積、または、景観の顕著な例。
登録年月	2010年7月 (第34回世界遺産委員会ブラジリア会議)
登録遺産の面積	198ha　　バッファー・ゾーン　482ha

登録物件の概要 アムステルダムのシンゲル運河の内側にある17世紀の環状運河地域は、オランダの北部、北ホラント州、首都アムステルダムの中心部を同心円状に流れる5つの環状運河地域。アムステルダムの中世の都市は、ザイデル海に流入するアムステル川の両岸に、湿地の水を排出して建設され、以来、数世紀にわたって、街は扇状に徐々に外側(南)へと広がり発展した。アムステルダムの名前は、1270年頃にアムステル川の河口に建設されたダム(現在のダムラック)に由来し、14世紀にはハンザ同盟との貿易により港町として繁栄した。アムステルダムは、中央駅を中心に扇形に広がり、内側のシンゲル運河、ヘレン運河、カイゼル運河、プリンセン運河、外側のシンゲル運河まで、5本の運河が取り囲む水都であり、17世紀には東インド会社と西インド会社が設立され、自由な貿易都市として、その繁栄は頂点を迎える。運河沿いには17世紀の豪商の邸宅、教会、レンガ造りの建物などが立ち並んでいる。アムステルダムの大規模な都市計画は、19世紀まで世界中で参考にされた。シンゲル運河の内側にある17世紀の環状運河地区は、現在はアムステルダムの旧市街にあたり、オランダ政府は1999年から公式にその歴史的な町並み景観を保護してきた。

分類	建造物群、人が居住している歴史都市
物件所在地	オランダ王国／北ホラント州アムステルダム
保護	●文化遺産法 ●モニュメント法
管理	●教育・文化・科学省 ●考古・文化的景観・記念建造物サービス (RACM 文化遺産庁)
利活用	観光、運河クルーズ
美術館・博物館	●アムステルダム国立博物館 ●アムステルダム国立美術館 ●アムステルダム歴史博物館
参考URL	ユネスコ世界遺産センター　http://whc.unesco.org/en/list/1349

世界遺産ガイド―文化の道編―

アムステルダムは中央駅を中心に運河が取り囲む水の都

北緯52度21分　東経4度53分

交通アクセス　●アムステルダム中央駅へは、パリから列車で約3時間20分。ブリュッセルから約1時間15分。

運河・水路

シンクタンクせとうち総合研究機構　99

大運河

登録遺産名	The Grand Canal
遺産種別	文化遺産
登録基準	(i) 人類の創造的天才の傑作を表現するもの。 (iii) 現存する、または、消滅した文化的伝統、または、文明の、唯一の、または、少なくとも稀な証拠となるもの。 (iv) 人類の歴史上重要な時代を例証する、ある形式の建造物、建築物群、技術の集積、または、景観の顕著な例。 (vi) 顕著な普遍的な意義を有する出来事、現存する伝統、思想、信仰、または、芸術的、文学的作品と、直接に、または、明白に関連するもの。
登録年月	2014年6月（第38回世界遺産委員会ドーハ会議）
登録遺産の面積	20,819.11ha、バッファー・ゾーン　53,320ha

登録物件の概要　大運河は、中国の沿海部、北京から寧波へと南北に結ぶ大運河で、世界遺産の登録面積は20,819.11ha、バッファー・ゾーンは53,320haである。大運河は、隋唐大運河、京杭大運河、浙東運河に大別され、それぞれを構成する商丘運河、江南運河、紹興運河など31の資産からなる。大運河は、6省2直轄市25都市を通過し、総延長は2000km以上におよぶ。隋の文帝、煬帝の時代に開削、建設、元の時代に完成した世界最古、最大規模、最長の、今でも使用されている生きている世界遺産である。また、中国で唯一の南北を貫通する大運河で、中国の万里の長城と並ぶスケールの大きさを誇る。大運河は、線状の文化遺産で、中国の華北、華中、江南の南北を衛河、黄河、淮河、長江などの河川を利用して開削、連結し貫通させた物資を輸送する水路で歴史的にも重要な意味がある。

分類	建造物群
年代区分	紀元前5世紀〜
ゆかりの人物	隋朝の初代皇帝　文帝（在位581〜604年） 隋朝の第2代皇帝　煬帝（在位604〜618年）
物件所在地	中華人民共和国／北京直轄市、天津直轄市、河北省、山東省、河南省、江蘇省、安徽省、浙江省
保護	●中国国家文物局（全国重点文物保護単位） ●大運河保護計画
管理	杭州市人民政府（杭州市運河グループ）など
利活用	観光、運河クルーズ
博物館	京杭大運河博物館（浙江省杭州市運河広場）
備考	2016年10月21日（金）「第一回中国大運河国際サミット」 （杭州市人民政府・中国新聞社共催）
参考URL	ユネスコ世界遺産センター　http://whc.unesco.org/en/list/1443

世界遺産ガイドー文化の道編ー

構成資産

隋唐大運河	通済渠	(1) 含嘉倉遺跡〔河南省洛陽市〕　(2) 回洛倉遺跡〔河南省洛陽市〕　(3) 鄭州段運河〔河南省鄭州市〕 (4) 商丘南関段運河〔河南省商丘市〕(5) 商丘夏邑段運河〔河南省商丘市〕 (6) 柳孜運河遺跡〔安徽省淮北市〕柳孜運河遺跡、柳孜橋梁遺跡　(7) 泗県段運河〔安徽省宿州市〕
	永済渠	(8) 滑県 – 濬県段運河〔河南省安陽市・鶴壁市〕 (9) 黎陽倉遺跡〔河南省鶴壁市〕
京杭大運河	里運河	(10) 清口水利枢紐遺跡〔江蘇省淮安市〕河道、清口遺跡と淮河合流、双金閘、清江閘、洪沢湖石壩 (11) 総督漕運公署遺跡〔江蘇省淮安市〕 (12) 揚州段運河〔江蘇省揚州市〕河道、劉堡閘、盂城駅、邵伯古堤、邵伯碼頭、痩西湖、天寧寺行宮と重寧寺、個園、汪氏小苑、塩宗廟、盧紹緒宅
	江南運河	(13) 常州段運河〔江蘇省常州市〕　(14) 無錫段運河〔江蘇省無錫市〕河道、清名橋歴史地区 (15) 蘇州段運河〔江蘇省蘇州市〕河道及び城市水網、盤門、宝帯橋、山塘歴史地区、平江歴史地区、呉江運河古繊道 (16) 嘉興 – 杭州段運河〔浙江省嘉興市・杭州市〕河道と太湖 – 銭塘江間の河網、長安閘遺跡、鳳山水門遺跡、富義倉、長虹橋、拱宸橋、広済橋、橋西歴史地区 (17) 南潯〔浙江省湖州市〕南潯城区運河支流、南潯古鎮
	通恵河	(18) 北京旧城段〔北京市〕玉河故道、澄清上閘、澄清下閘、什利海 (19) 通州段運河〔北京市〕
	北運河	(20) 三岔口（三会海口）– 天津〔天津市〕
	南運河	(21) 滄州 – 徳州段運河〔河北省滄州市・衡水市〕〔山東省徳州市〕徳城区段運河および周辺区域、連鎮謝家壩、華家口夯土検工
	会通河	(22) 臨清段運河〔山東省聊城市〕両条支流および与衛運河の合流、臨清運河鈔関 (23) 陽穀段運河〔山東省聊城市〕河道と黄河合流、阿城下閘、阿城上閘、荊門下閘、荊門上閘 (24) 南旺水利枢紐〔山東省泰安市・済寧市〕会通河河道、小汶河引水工程、戴村壩、十里閘、徐建口斗門遺跡、邢通斗門遺跡、汶上運河磚砌河堤、柳林閘、南旺分水竜王廟遺跡、寺前鋪閘 (25) 微山段運河〔山東省済寧市〕独山湖段運河、利建閘中運河
	中運河	(26) 台児荘段運河〔山東省棗荘市〕 (27) 宿遷段運河〔江蘇省宿遷市〕宿城区と駱馬湖段運河、宿遷竜王廟
浙東運河		(28) 蕭山 – 紹興運河〔浙江省紹興市〕河道、西興碼頭と過塘行遺跡、八字橋、八字橋社区、紹興古繊道 (29) 上虞 – 余姚運河〔浙江省紹興市〕 (30) 寧波段運河〔浙江省寧波市〕 (31) 寧波三江口〔浙江省寧波市〕慶安会館

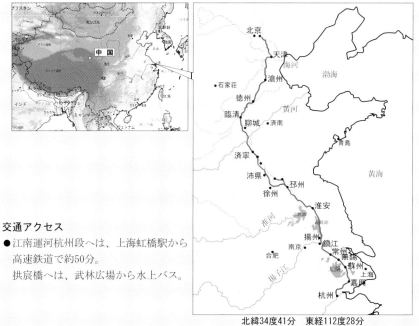

交通アクセス

● 江南運河杭州段へは、上海虹橋駅から高速鉄道で約50分。
拱宸橋へは、武林広場から水上バス。

北緯34度41分　東経112度28分

シンクタンクせとうち総合研究機構

世界遺産と持続可能な観光の発展－日本の世界遺産地の事例など

この度は、杭州市人民政府と中国新聞社共催の「首届中国大運河国際高峰論壇」にお招きいただき有難うございます。限られた時間ではありますが、「世界遺産と持続可能な観光の発展－日本の世界遺産地の事例など」についてお話しさせていただきます。

私にとって、杭州への旅は今回で四度目になります。2011年には、その年に世界遺産登録された「杭州西湖の文化的景観」を取材したことがありますが、訪れる度に、その発展ぶりと進化していく様子には驚かされます。

杭州は、古くから日本との関わりも深く、特に西湖は、私の住んでいる広島の縮景園という庭園の中の橋は蘇堤の「跨虹橋」をモデルにしており、また杭州市の姉妹都市のひとつである山口県岩国市の「錦帯橋」は、白堤の「錦帯橋」の名前に因んでいるという、大変なじみのある場所であります。

私は、先ほど申し上げました通り広島市に住んでおり、ユネスコ遺産の研究を20年近く続けてきました。世界遺産、世界無形文化遺産だけでなく、最近では世界の記憶である世界記録遺産にも研究領域を広げてきました。

毎年開催される世界遺産委員会や無形文化遺産委員会にもオブザーバーステイタスで参加してきており、その研究成果を出版、講演、シンポジウム、テレビ出演などで発表しています。今回のお招きもこのような活動を評価していただいた結果だと思い、感謝しております。

さて、「世界遺産の現状と課題」ですが、現在、ユネスコの世界遺産の数は1052（自然遺産 203 文化遺産 814 複合遺産 35）あります。

今年7月にトルコで開催された第40回世界遺産委員会イスタンブール会議では、中国では2件が世界遺産に登録され、中国の世界遺産の数は50（「九寨溝」、「黄龍」などの自然遺産が11、「万里の長城」、「蘇州の古典庭園」、「杭州西湖の文化的景観」などの文化遺産が35、「泰山」、「黄山」などの複合遺産が4）となり、イタリアの51に次いで、世界で第2位になりました。世界無形文化遺産の数は、「昆劇」、「中国剪紙」など37あり、すでに世界第1位です。

中国には長い歴史があり、国土面積も広く、各時代、各地域を代表する世界遺産ポテンシャル・サイトも多いので、世界遺産の数が世界一になる日も、そんなに遠い将来のことではないと思います。

しかしながら、世界遺産とは、その数の多さを競うものではなく、本来の主旨は、「世界遺産を取り巻く脅威や危険」から守り、次世代へ継承していくというものです。そういう意味でも、ただ単に世界遺産を愛でるだけでなく、いかに保護し守っていくかが一番重要なことと思っています。

世界遺産は、登録後も様々な問題が発生し、危機的な状況に陥り、登録時の「顕著な普遍的価値」（Outstanding Universal Value）が損なわれた場合には、「危機にさらされている世界遺産リスト」、いわゆる「危機遺産リスト」に登録されます。今年は新たに8件が登録され、現在「危機遺産」は55となり、危機遺産比率は5.23％と過去最悪を記録しています。

その原因や理由を整理してみると、「風化」、「劣化」、「大地震」、「豪雨」、「火災」、「戦争」、「紛争」、「都市化」、「無秩序な地域開発」、「管理体制の欠如」などが挙げられます。

中国大運河の場合、今後考えられる危機因子としては、洪水、水質汚染、火災、経済・都市開発、観光開発圧力などがありますが、世界遺産登録時の「顕著な普遍的価値」が損なわれな

い様、常日頃からの監視（モニタリング）体制など危機管理対応は大変重要なことと思います。

　近年、紛争による理由で「危機遺産」に登録されるケースが目立っています。昨年、ユネスコの事務局長イリーナ・ボコヴァ氏は、「世界遺産は、今、イスラム国などによる攻撃、破壊、盗難の危機にさらされている」とし、これらのテロなどの脅威や危険からシリア、イラク、イエメン、リビア、マリ、アフガニスタンなどの世界遺産をどう守っていくべきなのか問題提起しました。

　そして、平和の大切さを再認識する「世界遺産に関するボン宣言」が採択されました。当たり前のようではありますが、平和と安全な社会であってこその「世界遺産」だということを私たちは再認識する必要があります。

　次に、「日本の世界遺産地の事例」をご紹介します。日本は、1992年に世界遺産条約を締約、現在、世界遺産の数は、20（自然遺産　4、文化遺産　16）あります。

　世界遺産に登録されると、国内外への知名度がアップし、保全意識も向上します。訪れる人も増え、地域波及効果や経済波及効果が見込まれます。

　一方、開発圧力、観光圧力、環境圧力などが強まり、様々な問題点や課題が生じてくる場合もあります。日本の世界遺産地の共通点として、世界遺産登録年の前後にわたって観光客が急増する「観光圧力」があります。

　特に、比較的知名度の低かった世界遺産地では、交通渋滞、駐車場不足、排気ガスなどの交通問題が発生しました。

　田舎にある「白川郷・五箇山の合掌造り集落」（1995年登録）や、「石見銀山遺跡とその文化的景観」（2007年登録）では、世界遺産登録によって観光客数が急激に増えました。伝統的な歴史的町並みに観光客があふれ、交通問題や、騒音や水質汚染などの環境問題など地域住民へも悪影響が出て大きな問題となりました。

　そこで、パーク・アンド・ライド、或はパーク・アンド・ウォークの方式を採用しました。世界遺産地近くに駐車場を整備し、そこにマイカーや観光バスを駐車させてシャトル・バスや徒歩で世界遺産の核心地域に向かう交通規制システムのことで、この対応策によって交通問題を回避しています。

　「中国大運河」においても、運河沿いに歩道や自転車道を整備し環境に優しい「遺産観光」（Heritage Tourism）を促進すべきだと思います。

　また、駐車場内には、世界遺産のガイダンス施設を建設、そこが世界遺産の案内所や学びの場となる機能を兼ね備え、世界遺産の価値を損なわないための様々な工夫をしています。

　世界遺産の周辺の景観についても問題があります。「広島の平和記念碑（原爆ドーム）」や「古都京都の文化財」の宇治の平等院で、バッファーゾーンの近くにマンションや商業ビルが建設され景観問題になりました。

　この様な景観問題等が起こらない様に、各自治体での条例の制定や広目のバッファー・ゾーンを設定しておくことが大切です。

　日本においても、県をまたがるシリアル・ノミネーションの登録が近年増えています。青森県と秋田県にまたがる「白神山地」、京都府と滋賀県にまたがる「古都京都の文化財（京都市、宇治市、大津市）」、岐阜県と富山県にまたがる「白川郷・五箇山の合掌造り集落」、和歌山県、奈良県、三重県の3県にまたがる「紀伊山地の霊場と参詣道」、山梨県と静岡県にまたがる「富士山―信仰の対象と芸術の源泉―」、岩手県、静岡県、山口県、福岡県、長崎県、佐賀県、熊本県、鹿

児島県の8県にまたがる「明治日本の産業革命遺産―製鉄・製鋼、造船、石炭産業―」、そして、今年登録された世界の7か国の複数国にまたがる「ル・コルビュジェの建築作品―近代化運動への顕著な貢献―」の17の構成資産の一つである「国立西洋美術館」です。

このように、複数の自治体や国にまたがる世界遺産は、それぞれの自治体(国)での法律や条例などが異なることから、共通の保護体制をとることが困難な場合が多いのですが、共通のロゴなどのサイン、案内板の設置などの工夫で世界遺産の保存管理に対応しているようです。

6つの省と18の市の広範な地域を貫く豊かな文化と偉大な価値を有する「大運河」においても、各自治体間の緊密な交流と協力を高めることが必要です。

また、「明治日本の産業革命遺産―製鉄・製鋼、造船、石炭産業―」の構成資産の中には、現在も稼働を続けている「稼働遺産」も含まれ、どの様に公開していくかが課題になっています。

次に、「世界遺産と持続可能な観光の発展」です。世界遺産条約の目的は、保存管理が基本ですが、利活用も大切です。

私は、教育、観光、まちづくりを挙げてきました。「世界遺産と持続可能な観光の発展」においても、世界遺産教育や、まちづくりの考え方が重要だと思います。

世界遺産とは何なのか?また、京杭(ジンハン)「大運河」が、なぜ、世界遺産に登録されたのか、その「顕著な普遍的価値」とは何なのかを世界遺産地のコミュニティ(地域社会)の地元民が理解しておくことが最も大切です。

日本では、社会教育や学校教育でも、学際的、国際的な「世界遺産」をテーマに取り上げることが多くなりました。また、行政と住民との協働(コラボレーション)によるまちづくりにも活かされています。

また、世界遺産登録の意義を再認識する意味でも、「世界遺産の日」や「世界遺産登録〇〇周年」などの記念事業を実施している自治体が多いです。私の地元、広島でも「厳島神社」、「原爆ドーム」が世界遺産登録20周年の節目の年を迎え、様々な記念行事が開催されています。

最後に、「観光」の語源は、古代中国の書物「易経」の「観国之光、利用賓于王」(国の光を観るは、用て王に賓たるに利し)との一節によります。

世界遺産大国・中国の使命として、「文化の道」或は「文明の道」ともいえる「視覚回廊」、「生きている世界遺産」である「大運河」の保存管理と利活用、持続可能な観光の発展のモデル事例やベスト・プラクティス(最善の実践事例としてのお手本)を世界に提示してほしいと思います。

本稿は、2016年10月21日(金)に中国の杭州市で開催された「首届中国大運河国際高峰論壇」(杭州市人民政府・中国新聞社主催)での古田陽久の講演要旨です。

<参考>
- 2016年10月21日「世遺專家為大運河保護支招:建設環保型遺產旅遊」中新網 – 中国新聞網、新浪首頁、香港新浪、壹讀
- 2016年10月21日世界遺產與旅遊開發相矛盾嗎 每日頭條
- 2016年10月19日大咖來啦,「星光熠熠」的運河大會後天就開幕 每日頭條

世界遺産ガイド―文化の道編―

2016年10月21日　首届中国大運河国際高峰論壇　於：杭州運河契弗酒店

2016年10月21日　首届中国大運河国際高峰論壇　於：杭州運河契弗酒店

コラム

シンクタンクせとうち総合研究機構

テンブレケ神父の水道橋の水利システム

登録遺産名	Aqueduct of Padre Tembleque Hydraulic System
遺産種別	文化遺産
登録基準	(i) 人類の創造的天才の傑作を表現するもの。 (ii) ある期間を通じて、または、ある文化圏において、建築、技術、記念碑的芸術、町並み計画、景観デザインの発展に関し、人類の価値の重要な交流を示すもの。 (iv) 人類の歴史上重要な時代を例証する、ある形式の建造物、建築物群、技術の集積、または、景観の顕著な例。
登録年月	2015年7月 (第39回世界遺産委員会ボン会議)
登録遺産の面積	6,540 ha　　バッファー・ゾーン　34,820 ha

登録物件の概要　テンブレケ神父の水道橋の水利システムは、メキシコの中部、メキシコ中央高原のメヒコ州オトゥンバとイダルゴ州センポアラとの間の48.22kmを水路や橋などで結ぶ水利施設群。テンブレケ神父の水道橋は、長さが904m、最も高い場所で38.75m、68のアーチを持つ石造アーチ橋で、1554年から1571年に建造され、その名前は、水道橋を建設したスペイン人神父のフランシスコ・デ・テンブレケにちなんでいる。アーチが一段になっているものとしては最も高いと評価されている。「パドレ・テンブレケの水道橋」(パドレは神父の意味)、または、「センポアラの水道橋」とも呼ばれている。古代ローマ時代以来の蓄積があるヨーロッパの水利技術と日干煉瓦の使用など伝統的なメソ・アメリカの建設技術とを融合させた優れた事例である。

分類	遺跡群
物件所在地	メキシコ合衆国／メヒコ州　オトゥンバ 　　　　　　　　イダルゴ州　センポアラ、テペアプルコ
保護	●文化財保護法 (1972年)
管理	●国立人類学・歴史学研究所 　(Instituto Nacional de Antropologia e Historia 略称 INAH)
利活用	観光
備考	水路に係る遺産としては、当該物件の他には 「ポン・デュ・ガール (ローマ水道)」(フランス　1985年／2007年登録) 「ポントカサステ水路橋と運河」(英国　2009年登録) がある。
参考URL	ユネスコ世界遺産センター　http://whc.unesco.org/en/list/1463 国立人類学・歴史学研究所　http://patrimonio-mexico.inah.gob.mx/www/

世界遺産ガイド―文化の道編―

テンブレケ神父の水道橋
アーチが1段になっているものとして最も高い。

北緯19度50分　西経98度39分

交通アクセス　●メキシコシティから車で1時間30分。
　　　　　　　●テオティワカン遺跡から車で30分。

運河・水路

シンクタンクせとうち総合研究機構　　107

鉄　道

Semmering Railway（センメリング鉄道）
文化遺産　登録基準(ii) (iv)　1998年登録
オーストリア

写真提供：オーストリア政府観光局

センメリング鉄道

登録遺産名		Semmering Railway
遺産種別		文化遺産
登録基準	(ii)	ある期間を通じて、または、ある文化圏において、建築、技術、記念碑的芸術、町並み計画、景観デザインの発展に関し、人類の価値の重要な交流を示すもの。
	(iv)	人類の歴史上重要な時代を例証する、ある形式の建造物、建築物群、技術の集積、または、景観の顕著な例。
登録年月		1998年12月（第22回世界遺産委員会京都会議）
登録遺産の面積		156.18 ha　　バッファー・ゾーン　8,581.21 ha

登録物件の概要 センメリングは、ウィーンの森の南方のニーダエステライヒ州にある山岳鉄道。センメリング鉄道は、1848～1854年にかけて、エンジニアのカール・リッター・フォン・ゲーガ（1802～1860年）の指揮のもとに建設された。センメリング鉄道は、ミュルツツシュラーク（グラーツ方面）とグロックニッツ（ウィーン方面）の間の41kmを切り立った岩壁と深い森や谷を縫って走る。ヨーロッパの鉄道建設史の中でも画期的な存在で、土木技術の偉業の一つと言える産業遺産。当時は、標高995mのセンメリング峠を超えるのは、物理的にも困難だったが、勾配がきつい山腹をS字線やオメガ線のカーブで辿ることにより、また、センメリング・トンネル（延長1.5km、標高898m）を通したり、クラウゼルクラウゼ橋やカルテリンネ橋など二段構えの高架の石造橋を架けることによって、それを解決した。この鉄道の開通によって、人々は、シュネーベルク（2076m）やホーエ・ヴァント（1132m）などダイナミックな山岳のパノラマ景観や自然の美しさを車窓から眺めることが出来る様になった。また、かつては、貴族や上流階級のサロンであったジュードバーン、パンハンス、エルツヘルツォーグヨハンなど由緒あるホテルの遠景も、新しい形態の文化的景観を創出している。

分類	遺跡、文化的景観
年代区分	19世紀～
物件所在地	オーストリア共和国／ニーダエステライヒ州、シュタイアーマルク州
保護	1923年の記念物保護法
管理	連邦教育芸術文化省（BMUKK）
利活用	観光
備考	ミュルツツシュラーク駅は、作曲家のブラームスが夏休みを過ごした別荘のあるのどかな田舎町。
参考URL	ユネスコ世界遺産センター　http://whc.unesco.org/en/list/785

世界遺産ガイドー文化の道編ー

自然な地形に逆らわずに作られた高架橋の上を走るセンメリング鉄道

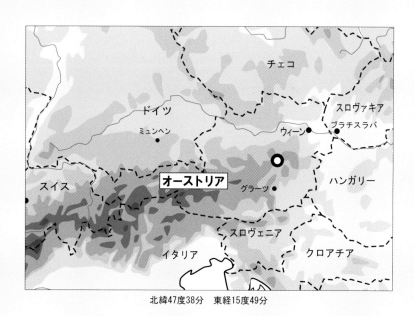

北緯47度38分　東経15度49分

交通アクセス　●センメリング鉄道の入口の駅グロクニッツ駅へは、ウィーン南駅から普通列車ミュルツツシュラーク行で約1時間30分。

鉄道

シンクタンクせとうち総合研究機構

インドの山岳鉄道群

登録遺産名	Mountain Railways of India
遺産種別	文化遺産
登録基準	(ii) ある期間を通じて、または、ある文化圏において、建築、技術、記念碑的芸術、町並み計画、景観デザインの発展に関し、人類の価値の重要な交流を示すもの。 (iv) 人類の歴史上重要な時代を例証する、ある形式の建造物、建築物群、技術の集積、または、景観の顕著な例。
登録年月	1999年12月(第23回世界遺産委員会マラケシュ会議) 2005年 7月(第29回世界遺産委員会ダーバン会議) ニルギリ山岳鉄道を追加 2008年 7月(第32回世界遺産委員会ケベック会議) カルカ・シムラー鉄道を追加
登録遺産の面積	88.99 ha　　バッファー・ゾーン　644.88 ha
登録物件の概要	インドの山岳鉄道群は、ダージリン・ヒマラヤ鉄道(DHR)とニルギリ山岳鉄道(NMR)、カルカ・シムラー鉄道(KSR)からなる。ダージリン・ヒマラヤ鉄道は、インド北東部を走る1881年に開通した世界最古の山岳鉄道で、ダージリンとニュー・ジャルパイグリ駅の83kmを結ぶ。急勾配や急カーブなどにも小回りが利くように線路の幅が2フィート(61cm)と狭いのが特徴。美しいダージリン丘陵とヒマラヤ山脈の山間部を走るトイ・トレイン(おもちゃの列車)は、技術的にも優れた世界的な名声を博する産業遺産で、カンチェンジュンガ(8586m)の山々などヒマラヤ山脈のすばらしい自然景観と共に旅行者の目を楽しませている。ダージリンは標高2134mの高原リゾート地で、ダージリン茶の産地としても知られている。ニルギリ山岳鉄道は、インド南部タミール・ナドゥ州のメットゥパーヤラムとウダガマンダラム(旧ウーティ)を結ぶ。約17年間の工期をかけて1908年に完成した全線46km、標高326mから2203mへと走る単線の山岳鉄道で、英国植民地時代から人の移動や地域開発に重要な役割を果たしてきた。また、カルカ・シムラー鉄道は、デリーの北部約200kmのヒマーチャル・プラデーシュ州の州都シムラーとハリヤーナ州のカルカを結ぶ96.6kmの単線で、1903年に供用が開始された。インドの山岳鉄道群は、1999年に「ダージリン・ヒマラヤ鉄道」として登録されたが、2005年7月の第29回世界遺産委員会ダーバン会議で、ニルギリ山岳鉄道も含め登録遺産名を変更、さらに2008年の第32回世界遺産委員会ケベック・シティ会議で、カルカ・シムラー鉄道が追加登録された。
分類	遺跡
物件所在地	インド/シッキム州、西ベンガル州、タミール・ナドゥ州、 　　　　　ヒマーチャル・プラデーシュ州、ハリヤーナ州
構成資産	①ダージリン・ヒマラヤ鉄道(DHR) 83km ②ニルギリ山岳鉄道(NMR) 46km ③カルカ・シムラー鉄道(KSR) 96.6km
保護	鉄道法(1989)、公有地法
管理	●インド鉄道省
利活用	観光
博物館	●インド国立鉄道博物館(ニューデリー)
参考URL	ユネスコ世界遺産センター　http://whc.unesco.org/en/list/1540

世界遺産ガイド―文化の道編―

トイトレインの名で親しまれているダージリン・ヒマラヤ鉄道

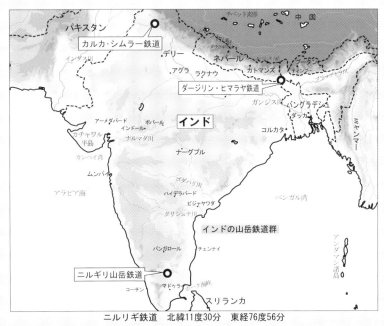

ニルリギ鉄道　北緯11度30分　東経76度56分

交通アクセス　●ダージリン・ヒマラヤ鉄道には、コルカタからなどから夜行列車でニュー・ジャルパイグリで下車、乗り換える。

レーティッシュ鉄道アルブラ線とベルニナ線の景観群

登録遺産名	Rhaetian Railway in the Albula / Bernina Landscapes
遺産種別	文化遺産
登録基準	(ii) ある期間を通じて、または、ある文化圏において、建築、技術、記念碑的芸術、町並み計画、景観デザインの発展に関し、人類の価値の重要な交流を示すもの。 (iv) 人類の歴史上重要な時代を例証する、ある形式の建造物、建築物群、技術の集積、または、景観の顕著な例。
登録年月	2008年7月（第32回世界遺産委員会ケベック会議）
登録遺産の面積	152.42 ha　　バッファー・ゾーン　109,385.9 ha

登録物件の概要 レーティッシュ鉄道アルブラ線とベルニナ線の景観群は、スイスとイタリアにまたがるスイス・アルプスを走る2つの歴史的な鉄道遺産である。レーティッシュ鉄道の北西部、ライン川とドナウ川の分水嶺でもあるアルブラ峠を走るアルブラ線は、1898年に着工し、1904年に開通した。ヒンターライン地方のトゥージスとエンガディン地方のサン・モリッツの67kmを結び、ループ・トンネルなど42のトンネル、高さ65mの印象的なランドヴァッサー橋などの144の石の高架橋が印象的である。一方、ベルニナ峠を走るベルニナ線は、サン・モリッツからイタリアのティラーノまでの61kmを結び、13のトンネルと52の高架橋が特徴である。ベルニナ鉄道(現在のレーティッシュ鉄道ベルニナ線)は、歯車を使ったラック式鉄道ではなく、一般的なレールを使った鉄道で、アルプス最高地点を走る鉄道として、すぐにその技術が大きな話題となり、後につくられるさまざまな鉄道計画のモデルになったといわれている。万年雪を冠った標高4000m級のベルニナ山脈の名峰や氷河が輝くスイス・アルプスの世界から、葡萄畑や栗林に囲まれた素朴な渓谷を越えるイタリアまでの縦断ルートである。標高2253mから429mまで、1824mの高低差を克服、驚くべき絶景が連続的に展開する。レーティッシュ鉄道は、20世紀初期から約100年の歴史と伝統を誇るグラウビュンデン州を走るスイス最大の私鉄会社で、アルプスの雄大な大自然を破壊することなく切り開き、山岳部の隔絶された集落を繋ぎ生活改善を実現した鉄道利用の典型である。レーティッシュ鉄道は、驚異的な鉄道技術、建築、環境が一体的であり、その鉄道と見事に共存しつつ現代に残された美しい景観は周辺環境と調和すると共に建築と土木の粋を具現化したものである。レーティッシュ鉄道は、最も感動的な鉄道区間として、今も昔も世界各地からの多くの観光客に親しまれており、最新のパノラマ車両も走る人気の絶景ルートであるベルニナ・エクスプレス(ベルニナ急行)の路線で、グレッシャー・エクスプレス(氷河特急)の一部区間でもある。レーティッシュ鉄道ベルニナ線は、箱根登山鉄道と姉妹鉄道提携をしている。

分類	遺跡、文化的景観
物件所在地	スイス連邦／グラウビュンデン州 イタリア共和国／ロンバルディア州ソンドリア県
保護	自然及び国家遺産保護法、鉄道法
管理	●レーティッシュ鉄道会社
利活用	観光
博物館	アルブラ鉄道博物館（ベルビューン駅前）
世界遺産を取り巻く脅威や危険	●雪崩　●地滑り
参考URL	ユネスコ世界遺産センター　http://whc.unesco.org/en/list/1276 レーティッシュ鉄道（Rhatische Bahn）　http://www.rhb.ch/

鉄道

世界遺産ガイドー文化の道編ー

ベルニナ峠＜標高 2330m スイス・ポントレジナ～イタリアのティラーノ＞の
ラーゴ・ビアンコ（白い湖の意）の近くを走行するベルニナ鉄道

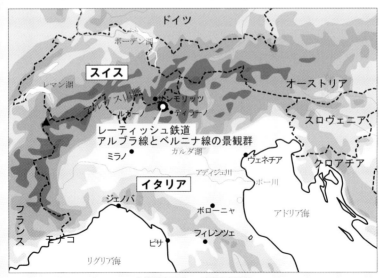

北緯46度29分　東経9度50分

交通アクセス　●サン・モリッツへは、チューリッヒ空港からバスで約4時間。（209km）
　　　　　　　●サン・モリッツ～ティラノの所要時間は、約2時間30分。
　　　　　　　●ティラノへは、ミラノ空港からルガーノまで列車で、そこからバス。

文化の道　キーワード

- Archaeological sites　考古学遺跡
- Area of nominated property　登録範囲
- Authenticity　真正性、或は、真実性
- Boundaries　境界線（コア・ゾーンとバッファー・ゾーンとの）
- Buffer Zone　バッファー・ゾーン（緩衝地帯）
- Camino Inca　インカ道
- Qhapaq Ñan　カパック・ニャン（古代インカの道）
- Canal　運河
- Combined　works nature and man　自然と人間との共同作品
- Community　地域社会
- Comparison with other similar properties　他の類似物件との比較
- Component(s)　構成資産
- Conservation and Management　保護管理
- Core Zone　コア・ゾーン（核心地域）
- Council of Europe　欧州評議会
- Criteria for Inscription　登録基準
- Cultural Heritage　文化遺産
- Cultural Landscape　文化的景観
- Cultural Route　文化の道
- Cultural Tourism　文化観光
- Ethnology　民族学
- Group of buildings　建造物群
- History　歴史
- ICCROM　文化財保存及び修復の研究のための国際センター（通称　ローマセンター）
- ICOMOS　国際記念物遺跡会議、イコモス
- ICOMOS Charter on Cultural Routes　文化の道に関するイコモス憲章
- Integrity　完全性
- International Cooperation　国際協力
- International Scientific Committee on Cultural Routes (CIIC)　文化の道に関する国際学術委員会
- Juridical Data　法的データ
- Living Heritage　生きている遺産
- Modern Heritage　近代遺産
- Monitoring　モニタリング（監視）
- Monuments　モニュメント
- Pilgrimage Route　巡礼の道
- Preserving and Utilizing　保全と活用
- Railway　鉄道
- Road System　道路システム
- Science　科学、学術
- Serial nomination　シリアル・ノミネーション（連続性のある）
- Silk Road　絹の道
- Sites　遺跡
- State of Conservation　保全状況
- Sustainable Tourism　持続可能な観光
- Transboundary nomination　トランスバウンダリー・ノミネーション（国境をまたぐ）
- Transport Line　輸送ライン
- Trade　交易、貿易
- Water Bridge　水路橋
- Waterway　水路
- Works of man　人間の作品

今後のポテンシャル・サイト

Viking Age Sites in Northern Europe
（北欧のヴァイキング時代の遺跡群）
アイスランド／デンマーク／ドイツ／ラトヴィア／ノルウェー

写真： アイスランドのシンクヴェトリル国立公園

シルクロード:ペンジケント・サマルカンド・ポイケント回廊

英語名	Silk Roads: Penjikent-Samarkand-Poykent Corridor
遺産種別	文化遺産

該当すると思われる登録基準
- (ii) ある期間を通じて、または、ある文化圏において、建築、技術、記念碑的芸術、町並み計画、景観デザインの発展に関し、人類の価値の重要な交流を示すもの。
- (iii) 現存する、または、消滅した文化的伝統、または、文明の、唯一の、または、少なくとも稀な証拠となるもの。
- (iv) 人類の歴史上重要な時代を例証する、ある形式の建造物、建築物群、技術の集積、または、景観の顕著な例。
- (v) 特に、回復困難な変化の影響下で損傷されやすい状態にある場合における、ある文化(または、複数の文化)或は、環境と人間の相互作用、を代表する伝統的集落、または、土地利用の顕著な例。
- (vi) 顕著な普遍的な意義を有する出来事、現存する伝統、思想、信仰、または、芸術的、文学的作品と、直接に、または、明白に関連するもの。

物件の概要　シルクロード:ペンジケント・サマルカンド・ポイケント回廊は、ウズベキスタンとタジキスタンの2か国にまたがるソグディアナ地方のイラン系住民であるソグド人の中心地域として、シルクロードの中央アジア部分において重要な地域であった。6～8世紀にかけてのトルコ人ハーンの時代には、中央アジア商人の役割が著しく増し、特にソグド人は国際的なシルクロード貿易において中心的な役割を果たした。サーマーン朝時代の10世紀にはマーワラーアンナフルの都市と都市文化が発達した。14～15世紀のティムール朝の時代には、科学、文化、経済、都市が発展した。ペンジケント・サマルカンド・ポイケント回廊は、古代都市ペンジケント、コシム・シェイク建築物群、ミル・サイード・バフラーム廟、ラバティ・マリクのキャラバンサライ、ラバティ・マリクのサルドバ、チャシュマ・アイユブ廟、ヴァブケントのミナレット、バハー・ウッディーン・ナクシュバンド建築物群、チョル・バクル、ポイケントなど12の構成資産からなる。また、この回廊は、8世紀以降、イスラム教の巡礼者にとっても重要な道であった。2014年の第38回世界遺産委員会ドーハ会議で審議されたが、ヴァブケントのミナレット周辺での大病院を含む開発への懸念などがあり、専門機関イコモスの登録延期勧告に対して情報照会決議となった。

分類	遺跡、文化の道
物件所在地	タジキスタン共和国／ソグド州 ウズベキスタン共和国／ブハラ州、ナヴォイ州
主な構成資産	●古代都市ペンジケント（タジキスタン） ●コシム・シェイク建築物群（ウズベキスタン） ●ミル・サイード・バフラーム廟（ウズベキスタン） ●ラバティ・マリクのキャラバンサライ（ウズベキスタン） ●ラバティ・マリクのサルドバ（ウズベキスタン） ●チャシュマ・アイユブ廟（ウズベキスタン） ●ヴァブケントのミナレット（ウズベキスタン） ●バハー・ウッディーン・ナクシュバンド建築物群（ウズベキスタン） ●チョル・バクル（ウズベキスタン） ●ポイケント（ウズベキスタン）
保護	―
管理	●タジキスタン科学アカデミー ●ウズベキスタン文化省文化遺産局
利活用	観光
参考URL	ユネスコ世界遺産センター　http://whc.unesco.org/en/tentativelists/5500 http://whc.unesco.org/en/tentativelists/5790
備考	●朝日新聞朝刊 世界遺産・絹の道 東へ続け日韓「ルート延伸を」2016年3月8日

世界遺産ガイドー文化の道編ー

ペンジケント

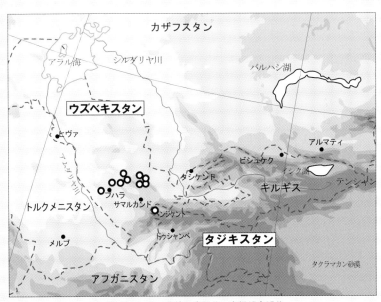

ペンジケント　北緯39度29分　東経67度37分

交通アクセス　●ペンジケントへは、ウズベキスタンのサマルカンドから車で国境を越え約2時間。

北欧のヴァイキング時代の遺跡群

英語名	Viking Age Sites in Northern Europe
遺産種別	文化遺産

該当すると思われる登録基準

(iii) 現存する、または、消滅した文化的伝統、または、文明の、唯一の、または、少なくとも稀な証拠となるもの。

物件の概要 北欧のヴァイキング時代の遺跡群は、アイスランド、デンマーク、ドイツ、ラトヴィア、ノルウェーの5か国にまたがるスカンジナビアのノース人が襲撃、交易、移住などを通じて内外に残した多様な7つの遺跡群からなる。ヴァイキングとは、ヴァイキング時代(800年～1050年)と呼ばれる約250年間に西ヨーロッパ沿海部を侵略したスカンジナビア、バルト海沿岸地域の武装船団(海賊)を指す言葉である。これらのなかには、既に世界遺産に登録されているデンマークの「イェリング墳丘」やアイスランドの「シンクヴェトリル国立公園」も含んでいる。交易都市、集落、石碑や墓、要塞、埋葬地などは、ヴァイキングの交易、襲撃、集落形成がいかに北欧の発展に寄与したかを示している。2015年の第39回世界遺産委員会ボン会議では、専門機関イコモスの登録延期勧告に対し、勧告通り登録延期決議となった。

分類	遺跡群
物件所在地	アイスランド／ブラウスコウガビッグス
	デンマーク／ヴァイレ、ヴェスティマーランド、マリアガー・フィヨルド、スラーエルセ
	ドイツ／シュレースヴィヒ・ホルシュタイン州シュレースヴィヒ・フレンスブルク郡、レンツブルク・エッケルンフェルデ郡
	ラトヴィア／グロビナ
	ノルウェー／ヴェストフォルド県ホーテン、トンスベルグ、サンネフィヨルド ソグン・オ・フィヨーラネ県ヒッレスタ
構成資産	7つの遺産群
	①シンクヴェトリル国立公園（アイスランド）1か所
	②イェリング墳丘（デンマーク）1か所
	③トレルボルグ要塞（デンマーク）3か所
	④ヘーゼビューとダネヴェルク（ドイツ）22か所
	⑤グロビナの集落（ラトヴィア）6か所
	⑥ヴェストフォルドの埋葬地（ノルウェー）3か所
	⑦ヒッレスタのひき臼生産地（ノルウェー）3か所
保護	各国の文化財保護法
管理	各国の遺産管理局
利活用	観光
博物館	ヘーゼビュー・ヴァイキング博物館（ドイツ／ブスドルフ）
参考URL	ユネスコ世界遺産センター　http://whc.unesco.org/en/tentativelists/5587
	ヘーゼビュー・ヴァイキング博物館
	http://www.vikingsofbjornstad.com/MuseumHaithabu.htm

今後のポテンシャルサイト

世界遺産ガイドー文化の道編ー

トレルボルグの要塞（デンマーク）

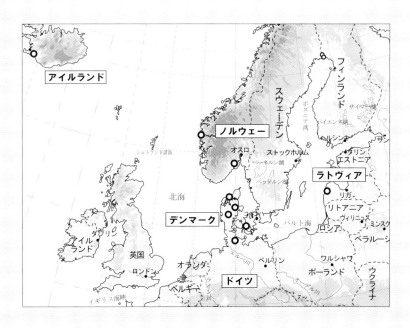

交通アクセス　●ドイツ北部のシュレースヴィヒ・ホルシュタイン州にある
　　　　　　　　ヘーゼビュー・ヴァイキング博物館へは、キールから電車で約1時間。

朝鮮通信使関連

英語名	Chosen Tsushinshi
遺産種別	文化遺産
登録物件の概要	朝鮮通信使とは、江戸時代、将軍の代がわりや慶事などの時に、朝鮮王朝の外交使節団が、朝鮮国王からの国書を持って来日したり、将軍の返書を持ち帰ったりした使節団のことをいう。起源は室町時代にさかのぼるが、慶長12年(1607年)以降1811年までの約200年間に、12回にわたって、朝鮮から、学者、文人、医師などを含む300～500人規模の使節団が日本を訪れ日本文化に影響を与えた。朝鮮の漢陽(現在のソウル)を出発し、江戸(現在の東京)までの2000km弱(往復の経路は異なり約3000km)に及ぶ大変な長旅であると共に日韓が交流する「文化の道」でもあった。海上では、日本側から迎える船などで大船団となり、陸上では日本側の警護などの人数を合わせると2000人にもなる大行列となった。当時、日本で朝鮮通信使の行列を目見物できることは、一生に1度か2度しか経験できないものであったため、街道にはたいへんな見物客が押し寄せたと言われている。朝鮮通信使は、平和と友好親善の象徴であり、当時の外交文書や日本の「対馬宗家文書」などの関連資料については、2017年の世界記憶遺産への日韓共同登録、それに、朝鮮通信史関連史跡の世界遺産、「朝鮮通信使祭り」や「朝鮮通信使行列」など関連イベントの世界無形文化遺産への登録も期待されている。
分類	遺跡群、民俗芸能、関連資料
物件所在地	大韓民国／日本
登録対象	●朝鮮通信使の関連資料については、外交記録、旅程に関する記録、文化交流に関する記録で、韓国側が63件・124点、日本側が48件・209点、合計111件・333点である。 「朝鮮国書」（京都大学総合博物館、東京国立博物館所蔵） 「朝鮮国信使絵巻」（長崎県立対馬歴史民俗資料館所蔵） 「対馬藩の儒学者 雨森芳洲の関連資料」（芳洲会など所蔵）
推進団体	●韓国／釜山文化財団 ●日本／NPO法人「朝鮮通信使縁地連絡協議会」（事務局：長崎県対馬市）
関連施設	●朝鮮通信使歴史館　釜山広域市東区凡一洞380-4　℡051-631-0858 ●朝鮮通信史資料館（御馳走一番館） 　広島県呉市下蒲刈町下島2277-3 松濤園内　℡0823-65-2900

朝鮮通信使接待状況

地名	接待に動員された大名	宿所
対馬府中	対馬藩宗氏	西山寺、国分寺
壱岐勝本浦	平戸藩松浦氏	勝本浦阿弥陀堂
筑前藍島	福岡藩黒田氏	藍島客館
長門赤間関	長州藩毛利氏	阿弥陀寺、引接寺
周防上関	長州藩毛利氏	上関御茶屋館（藩迎賓館）
安芸蒲刈	広島藩浅野氏	御茶屋（藩迎賓館）
備後鞆	備後福山藩	対潮楼（海岸山福禅寺境内）
備前牛窓	岡山藩池田氏	本蓮寺、御茶屋（藩迎賓館）
播磨室津	姫路藩	御茶屋（藩迎賓館）
摂津兵庫	尼崎藩、大坂町奉行	浜本陣および阿弥陀寺
摂津大坂	大坂町奉行、和泉岸和田藩岡部氏	西本願寺津村別院（北御堂）
山城淀	山城淀藩	御馳走屋敷
山城京都	京都所司代、膳所藩	本国寺

近江守山	膳所藩石川氏、伊勢亀山藩石川氏他	東門院
近江彦根	彦根藩井伊氏	宗安寺(彦根城下)
美濃大垣	大垣藩戸田氏	不明
尾張名古屋	尾張藩徳川氏	大雄山性高院
三河岡崎	岡崎藩	御馳走屋敷(藩迎賓館)
三河吉田	吉田藩	不明
遠江浜松	浜松藩	不明
遠江掛川	掛川藩ほか	民家
駿河藤枝	田中藩ほか	大慶寺
駿河興津	御馳走役大名	清見寺、御茶屋(迎賓館)
伊豆三島	御馳走役大名	世古本陣
相模箱根	小田原藩	不明
相模小田原	小田原藩	片岡本陣
相模藤沢	御馳走役大名	蒔田本陣
武蔵神奈川	御馳走役大名	石井本陣
武蔵品川	御馳走役大名	東海寺
武蔵江戸	将軍	浅草東本願寺

対馬 金石城跡

上関 御茶屋跡

四国霊場八十八箇所霊場と遍路道

概　要	四国遍路道は、弘法大師（空海）が42歳の時である弘仁6年（815年）に創設した世界的にも珍しい環状の巡礼ルート。四国遍路道の道程は、1,360kmにも及び、四国霊場八十八か所の札所を巡拝する道。「発心」（徳島）、「修行」（高知）、「菩提」（愛媛）、「涅槃」（香川）の4段階に渡って進む道は、心浮き立つ出発点から始まり、困難を通過して旅を完結する。弘法大師の入定後、弟子や修行僧が大師ゆかりの地を巡拝し始めたのが、四国遍路のはじまり。平安末期は、修行僧や山伏が中心であったが、江戸時代に入ると、高野山の僧侶が四国霊場の縁起や道程などの案内書を作って普及に努め、一般化したといわれている。四国遍路道は、仏道修行の場として、また、人々の厄難を取り除く場所として、年中、全国からの巡礼者が絶えない。
分　類	文化的景観、巡礼道、宗教建築物群
年代区分	弘仁6年（815年）〜
普遍的価値	世界的にも珍しい環状の巡礼ルート
学術的価値	歴史学、宗教学
所在地	徳島県、高知県、愛媛県、香川県
所　有	各寺院
管　理	各寺院
保　護	**文化財保護法** 〔国指定史跡〕土佐国分寺跡、伊予国分寺塔跡、讃岐国分寺跡 〔国宝〕霊山寺本堂、太山寺本堂、石手寺仁王門、一字一仏法華経序品（善通寺蔵） 〔国の重要文化財〕霊山寺三重塔・鐘楼、切幡寺大塔、竹林寺本堂、国分寺金堂、石手寺本堂ほか、太山寺仁王門、浄土寺本堂、白峯寺十三重塔、志度寺本堂ほか、本山寺仁王門 **自然公園法**　瀬戸内海国立公園（1934年3月6日指定）
ゆかりの人物	弘法大師(空海)、衛門三郎
見所	霊山寺（一番さん）、石手寺、太山寺、大窪寺など
年間参拝者数	およそ10万〜15万人といわれている。
関係自治体	徳島県　1〜23番　発心の道場　霊山寺など23霊場 高知県　24〜39番　修行の道場　竹林寺など16霊場 愛媛県　40〜65番　菩提の道場　石手寺など26霊場 香川県　66〜88番　涅槃の道場　大窪寺など23霊場
世界遺産運動	「四国霊場八十八箇所霊場と遍路道」世界遺産登録推進協議会 事務局　〒760-8570　高松市番町4-1-10　香川県政策部文化芸術局文化振興課内 ℡.087-832-3783
目的	世界に通じる心豊かな地域社会づくり
備考	●2016年8月、「四国八十八箇所霊場と遍路道」の世界遺産登録に向け、文化庁へ新たな提案書を提出 ●2015年4月、「四国遍路」〜回遊型巡礼路と独自の巡礼文化〜が、日本遺産に選定
参考URL	「四国霊場八十八箇所霊場と遍路道」世界遺産登録推進協議会 　　http://88sekaiisan.org/ 「四国へんろ道文化」世界遺産化の会　　http://88henro.net/index.php

世界遺産ガイド―文化の道編―

四国霊場第66番札所　雲辺寺（徳島県三好市池田町）

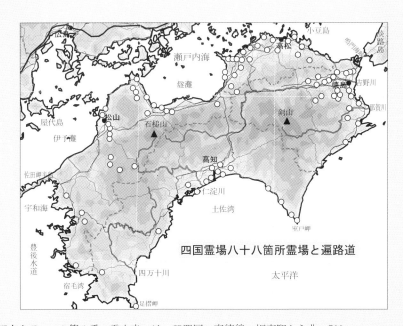

四国霊場八十八箇所霊場と遍路道

交通アクセス
- 第１番　霊山寺へは、JR四国・高徳線　坂東駅から北へ700m
- 第88番　大窪寺へは、JR四国・高徳線　造田駅から約17km

今後のポテンシャルサイト

シンクタンクせとうち総合研究機構

125

〈著者プロフィール〉

古田 陽久（ふるた・はるひさ　FURUTA Haruhisa）世界遺産総合研究所 所長

1951年広島県生まれ。1974年慶応義塾大学経済学部卒業、1990年シンクタンクせとうち総合研究機構を設立。アジアにおける世界遺産研究の先覚・先駆者の一人で、「世界遺産学」を提唱し、1998年世界遺産総合研究所を設置、所長兼務。世界遺産委員会や無形文化遺産委員会などにオブザーバー・ステータスで参加、中国杭州市での「首届中国大運河国際高峰論壇」、クルーズ船「にっぽん丸」での講演など、その活動を全国的、国際的に展開している。これまでに約60か国、約300の世界遺産地を訪問している。
現在、広島市佐伯区在住。

【専門分野】世界遺産制度論、世界遺産論、自然遺産論、文化遺産論、危機遺産論、地域遺産論、日本の世界遺産、世界無形文化遺産、世界の記憶、世界遺産と教育、世界遺産と観光、世界遺産とまちづくり

【著書】「世界の記憶遺産60」（幻冬舎）、「世界遺産データ・ブック」、「世界無形文化遺産データ・ブック」、「世界記憶遺産データ・ブック」、「誇れる郷土データ・ブック」など多数。

【執筆】連載「世界遺産への旅」、「世界記憶遺産の旅」、日本政策金融公庫調査月報「連載『データで見るお国柄』」、「世界遺産を活用した地域振興－『世界遺産基準』の地域づくり・まちづくり－」（月刊「地方議会人」）、中日新聞・東京新聞サンデー版「大図解危機遺産」、「現代用語の基礎知識2009」（自由国民社）世の中ペディア「世界遺産」など多数。

【テレビ出演歴】TBSテレビ「ひるおび」、「NEWS23」、「Nスタニュース」、テレビ朝日「モーニングバード」、「やじうまテレビ」、「ANNスーパーJチャンネル」、日本テレビ「スッキリ！！」、フジテレビ「めざましテレビ」、「スーパーニュース」、「とくダネ！」など多数。

古田 真美（ふるた・まみ　FURUTA Mami）世界遺産総合研究所 事務局長

1954年広島県呉市生まれ。1977年青山学院大学文学部史学科卒業。
1990年からシンクタンクせとうち総合研究機構事務局長。1998年から世界遺産総合研究所事務局長兼務。広島県景観審議会委員、NHK視聴者会議委員、広島県放置艇対策あり方検討会委員などを歴任。これまでに約40か国、約200の世界遺産地を訪問している。

【専門分野】世界遺産入門、日本の世界遺産、世界の記憶

【著書】「世界の記憶遺産60」（幻冬舎）、「世界遺産ガイド－ユネスコ遺産の基礎知識－」、「世界遺産入門－平和と安全な社会の構築－」など多数。

【執筆】連載「世界記憶遺産の旅Ⅱ」

【ホームページ】　「世界遺産と総合学習の杜」http://www.wheritage.net/

世界遺産ガイド　－文化の道編－

2016年（平成28年）12月5日　初版 第1刷

著　　者	古田陽久　古田真美
企画・編集	世界遺産総合研究所
発　　行	シンクタンクせとうち総合研究機構 ⓒ
	〒731-5113
	広島市佐伯区美鈴が丘緑三丁目4番3号
	TEL&FAX　082-926-2306
	郵便振替　01340-0-30375
	電子メール　wheritage@tiara.ocn.ne.jp
	インターネット　http://www.wheritage.net
	出版社コード　86200

ⓒ本書の内容を複写、複製、引用、転載される場合には、必ず発行元に、事前にご連絡下さい。

Complied and Printed in Japan, 2016　ISBN978-4-86200-207-5　C1526 Y2500E

発行図書のご案内

世界遺産シリーズ

書名	ISBN・価格・発行	内容
世界遺産データ・ブック 2017年版 【新刊】	978-4-86200-204-4 本体2600円 2016年9月発行	最新のユネスコ世界遺産1052物件の全物件名と登録基準、位置を掲載。ユネスコ世界遺産の概要も充実。世界遺産学習の上での必携の書。
世界遺産事典－1052全物件プロフィール－ 【新刊】 2017改訂版	978-4-86200-205-1 本体2778円 2016年9月発行	世界遺産1052物件の全物件プロフィールを収録。 2017改訂版
世界遺産入門－平和と安全な社会の構築－	978-4-86200-191-7 本体2500円 2015年5月発行	世界遺産を通して「平和」と「安全」な社会の大切さを学ぶ
世界遺産マップス －地図で見るユネスコの世界遺産－ 2017改訂版 【新刊】	978-4-86200-206-8 本体2600円 2016年12月発行	世界遺産最新の1052物件の位置を地域別・国別に整理
世界遺産ガイド－世界遺産条約採択40周年特集－	978-4-86200-172-6 本体2381円 2012年11月発行	世界遺産の保全と持続可能な発展を考える
世界遺産フォトス －写真で見るユネスコの世界遺産－	4-916208-22-6 本体1905円 1999年8月発行	
第2集－多様な世界遺産－	4-916208-50-1 本体2000円 2002年1月発行	世界遺産の多様性を写真資料で学ぶ。
第3集－海外と日本の至宝100の記憶－	978-4-86200-148-1 本体2381円 2010年1月発行	
世界遺産ガイド－日本編－ 2017改訂版 【新刊】	978-4-86200-203-7 本体2778円 2016年8月発行	日本にある世界遺産、暫定リストを特集
世界遺産ガイド－自然遺産編－ 2016改訂版 【新刊】	978-4-86200-198-6 本体2500円 2016年3月発行	ユネスコ自然遺産の全容を紹介
世界遺産ガイド－文化遺産編－ 2016改訂版 【新刊】	978-4-86200-199-3 本体2500円 2016年3月発行	ユネスコ文化遺産の全容を紹介
世界遺産ガイド－複合遺産編－ 2016改訂版 【新刊】	978-4-86200-200-6 本体2500円 2016年3月発行	ユネスコ複合遺産の全容を紹介
世界遺産ガイド－危機遺産編－ 2016改訂版 【新刊】	978-4-86200-197-9 本体2500円 2015年12月発行	危機にさらされている世界遺産を特集
世界遺産ガイド－文化の道編－ 【新刊】	978-4-86200-207-5 本体2500円予定 2016年12月発行予定	世界遺産に登録されている「文化の道」を特集
世界遺産ガイド－文化的景観編－	978-4-86200-150-4 本体2381円 2010年4月発行	文化的景観のカテゴリーに属する世界遺産を特集
世界遺産ガイド－複数国にまたがる世界遺産編－	978-4-86200-151-1 本体2381円 2010年6月発行	複数国にまたがる世界遺産を特集
世界遺産ガイド －ロシア編－	978-4-86200-166-5 本体2381円 2012年4月発行	
－フランス編－	978-4-86200-160-3 本体2381円 2011年5月発行	
－英国・アイルランド編－	978-4-86200-159-7 本体2381円 2011年3月発行	
－スペイン・ポルトガル編－	978-4-86200-158-0 本体2381円 2011年2月発行	
－イタリア編－	4-86200-109-2 本体2000円 2006年1月発行	
－ドイツ編－	4-86200-101-7 本体2000円 2005年6月発行	
－知られざるエジプト編－	978-4-86200-152-8 本体2381円 2010年7月発行	
－東南アジア編－	978-4-86200-149-8 本体2381円 2010年5月発行	
－中国編－2010改訂版	978-4-86200-139-9 本体2381円 2009年10月発行	
－オーストラリア編－	4-86200-115-7 本体2000円 2006年5月発行	
－メキシコ編－ 【新刊】	978-4-86200-202-0 本体2500円 2016年8月発行	
世界遺産ガイド－人類の負の遺産と復興の遺産編－	978-4-86200-173-3 本体2000円 2013年2月発行	世界遺産から人類の負の遺産と復興の遺産を学ぶ
世界遺産ガイド－世界遺産登録をめざす富士山編－	978-4-86200-153-5 本体2381円 2010年11月発行	富士山を世界遺産登録する意味と意義を考える
世界遺産ガイド－暫定リスト記載物件編－	978-4-86200-138-2 本体2000円 2009年5月発行	世界遺産暫定リストに記載されている物件を一覧作
世界遺産ガイド－ユネスコ遺産の基礎知識－	978-4-86200-184-9 本体2500円 2014年3月発行	混同するユネスコ三大遺産の違いを明らかにする

ふるさとシリーズ

書名	ISBN・価格・発行	内容
誇れる郷土データ・ブック －地方の創生と再生－2015年版	978-4-86200-192-4 本体2500円 2015年5月発行	国や地域の創生や再生につながるシーズを都道府県別に整理。
誇れる郷土ガイド －自然公園法と文化財保護法－	978-4-86200-129-0 本体2000円 2008年2月発行	自然公園法と文化財保護法について紹介する。
誇れる郷土ガイド －東日本編－	4-916208-24-2 本体1905円 1999年12月発行	東日本にある都道県の各々の特色、特性など項目別に整理
誇れる郷土ガイド －西日本編－	4-916208-25-0 本体1905円 2000年1月発行	西日本にある府県の各々の特色、特性など項目別に整理
誇れる郷土ガイド －北海道・東北編－	4-916208-42-0 本体2000円 2001年5月発行	北海道・東北地方の特色・魅力・データを道県別にコンパクトに整理
誇れる郷土ガイド －関東編－	4-916208-48-X 本体2000円 2001年11月発行	関東地方の特色・魅力・データを道県別にコンパクトに整理
誇れる郷土ガイド －中部編－	4-916208-61-7 本体2000円 2002年10月発行	中部地方の特色・魅力・データを道県別にコンパクトに整理
誇れる郷土ガイド －近畿編－	4-916208-46-3 本体2000円 2001年10月発行	近畿地方の特色・魅力・データを道県別にコンパクトに整理
誇れる郷土ガイド －中国・四国編－	4-916208-65-X 本体2000円 2002年12月発行	中国・四国地方の特色・魅力・データを道県別にコンパクトに整理
誇れる郷土ガイド －九州・沖縄編－	4-916208-62-5 本体2000円 2002年11月発行	九州・沖縄地方の特色・魅力・データを道県別にコンパクトに整理
誇れる郷土ガイド －全国47都道府県の観光データ編－ 2010改訂版	978-4-86200-123-8 本体2500円 2009年12月発行	各都道府県別の観光データ等の要点を整理

世界の文化シリーズ

世界遺産の無形版といえる「世界無形文化遺産」についての希少な書籍

書名	ISBN・価格・発行	内容
世界無形文化遺産データ・ブック 2016年版 【新刊】	978-4-86200-201-3 本体2778円 2016年3月発行	世界無形文化遺産の仕組みや登録されているものの概要を明らかにする。
世界無形文化遺産ガイド －無形文化遺産保護条約編－	4-916208-91-9 本体2000円 2004年6月発行	世界無形文化遺産の概要と90物件プロフィールを紹介。
世界無形文化遺産ガイド －人類の口承及び無形遺産の傑作編－2004改訂版	4-916208-90-0 定価2000円 2004年5月発行	世界無形文化遺産47物件を紹介。2004改訂版

世界の記憶シリーズ

ユネスコの世界記憶遺産プログラムの全体像を明らかにする日本初の書籍

書名	ISBN・価格・発行	内容
世界記憶遺産データ・ブック 2015～2016年版 【新刊】	978-4-86200-196-2 本体2778円 2015年12月発行	ユネスコ三大遺産事業の一つ「世界の記憶」の仕組みや348件の世界の記憶など、プログラムの全体像を明らかにする日本初のデータ・ブック。

シンクタンクせとうち総合研究機構

事務局　〒731-5113　広島市佐伯区美鈴が丘緑三丁目4番3号
書籍のご注文専用ファックス TEL&FAX082-926-2306　電子メールwheritage@orange.ocn.ne.jp